ケーススタディでよくわかる

\学生との/

# コミュニケーション

今日からできる！
研究指導
実践マニュアル

西澤幹雄 著
立命館大学 学生サポートルーム 臨床心理士
桝蔵美智子 執筆協力

化学同人

## まえがき

　理系学部の学生は、3〜4年次には研究室に配属され、卒業研究に取り組みます。大学院に進学すれば、さらに本格的に研究を続けます。研究では、自分で計画を立てて実験し、その結果を見て、次にはどのような実験を行うかを考えていきます。ところが、研究テーマに対する「答え」は、研究を始める段階ではまったく未知なため、学生は研究に対して大きな不安を抱えています。

　教員が研究を指導していくなかで、最近、学生とのトラブルが増えてきたと感じてはいませんか？　自身の肌で感じておられる方もいるでしょうし、他の教員や職員から話を聞くことでも感じているかもしれません。実際、筆者の大学でも、学生からの申し立て件数は増加傾向にあります。その原因のひとつとして考えられるのが、学生気質が変化しているにもかかわらず、多くの教員が昔ながらの研究指導を続けていることです。トラブルはときに深刻なハラスメントになる場合もあります。

　多くの教員はハラスメントについて知ってはいます。しかし、「自分には関係ない」と思っている方がことのほか多いようです。はれものに触るように学生に気を遣いすぎる必要はありませんが、ハラスメントを避けながら研究を指導するには、どのような点に注意すればよいのでしょうか？　どのようにして研究上のトラブルを予防したらよいのでしょうか？　これに答えるような本はほとんどありませんでした。

　この本は、研究指導を行う教員に向けて書きました。「研究は難しい」と感じている学生と、「なぜこんな簡単なことができないのか」と苛立ちを感じる教員の間に横たわる溝を解消してトラブルを減らすこと、その結果として研究上でのストレスが減り、良好な学生—教員関係へ導くことが、本書の目的です。

　研究の主目標のひとつは、多くの研究成果を生みだすことでしょう。学生と教員が良好な関係を築いている研究室では成果がどんどん産まれ、学会発表や論文発表が盛んになるはずです。この本を読んで研究指導を改善し、研究成果をたくさん産みだすだけにとどまらず、将来は社会に羽ばたく、若い人材を共に育てていきましょう。

## 本書の構成と使い方

### ●ケーススタディ
学生と教員の間で起こりうるさまざまなケースを紹介します。多くは、学生相談室の相談員（カウンセラー）の目線で書かれています。事例は事実に基づいて構成されていますが、登場人物や台詞などはフィクションです。ケーススタディから浮かび上がる問題点をまとめています。

### ●ポイントと説明
項目ごとに、対応のヒントと具体的な提言を書いています。

### ●ポップアップ説明（注）
本文中の語句などの補足説明です。

### ●あれこれQ＆A
学生と教員との関係に関するさまざまな疑問や悩みに答えます。

### ●研究指導チェックリスト
学生とのトラブルの原因になりやすい事項をリストにしています。自身の行動を振り返ってみましょう。

### ●キーワード
見出し中の大切な語句や、本文中の**キーワード**（太字の用語）は、巻末の索引に収録しています。

# Contents

まえがき　*iii*

本書の構成と使い方　*iv*

## 1章　他人ごとではありません、大学でのトラブル　**1**

01. 現状を知る　*2*

02. ハラスメントについて知る　*4*

03. トラブル解決の手段を知る　*6*

## 2章　学生とのコミュニケーション　**9**

04. いまどきの学生　*10*

05. いまどきの学生の苦手　*12*

06. いまどきの学生の得意　*15*

07. いまどきの学生の価値観　*18*

column　勉強不足の学生とのコミュニケーション　*21*

## 3章　学生への対応の基本　**23**

08. やる気と自主性を持たせる　*24*

09. 研究指導　*26*

10. 研究指導での禁忌　*30*

11. 教育的指導　*33*

12. 進路相談　*36*

## 4章　どのように学生の研究を指導するか　39

13. テーマの設定　*40*

14. 正しい方法　*43*

15. 学生との対話　*46*

16. 流されない指導　*49*

17. 場を整える　*51*

## 5章　トラブルを回避するには　55

18. 指示の出し方　*56*

19. 学生との面談　*59*

20. 教員の自己管理　*62*

21. トラブル解決のサポート　*65*

22. 学生への配慮　*67*

## 終章　学生と良い関係を築く　71

23. 研究指導の核心　*72*

あとがき　*75*

参考文献　*77*

参考ウェブサイト　*77*

索　引　*81*

**資料編** **78**

 資料① 学生－教員間におけるトラブル解決の流れ  *78*

 資料② 学生が理解しやすい説明　6つのポイント  *79*

> **あなたは大丈夫？　研究指導チェックリスト**
>
> 学生との電子メール　3
> 研究セミナーなどで　35
> 実験関係で　42
> 普段の立ち居振る舞い　58

1章

# 他人ごとではありません、大学でのトラブル

最近、大学・大学院では学生と教員とのトラブルが増えています。ときにはハラスメントに発展することもあります。なぜ増えてきているのでしょうか。

# 1章 他人ごとではありません、大学でのトラブル

## 01. 現状を知る

学生と教員との関係は変化しています

### 1. 変化その1：大学内のトラブルが増加

大学内には主に学生とその関係者[*1]、教員、職員がおり、それぞれの対人関係があります。そのなかでも、研究面における**学生−教員間のトラブル（大学への申し立て件数）**が昨今増えています。その原因は、教員とウマが合わない、研究指導が厳しすぎるなどさまざまで、申し立てにまでには至らないレベルでの**学生相談室**[*2]への相談も増えています。ハラスメント事案として、調査の対象になることも増えてきました。

*1　両親や保証人など

*2　大学により名称が異なり、学生相談センター、サポートルームともいう

### 2. 変化その2：相互理解できない教員と学生が増加

「最近の学生は…」という愚痴をこぼしたことのない教員は、いないのではないでしょうか？　昨今は、たんなる世代間齟齬（ジェネレーションギャップ）とは言い切れないほどの溝を教員と学生の間に感じる人が増えているようです。教員−学生間でトラブルが生じると、まずもって「どちらが悪いのか」が問題になります。しかしそれ以前に、**コミュニケーション不足**により相互理解が足りていないという状態を認識する必要があるでしょう。"今どきの学生"と"古い頭の先生"という立場を固持したままでは、永遠にうまくいくことはありません。<u>相互理解の第一歩は、このような状況を認識することです</u>。

### 3. 変わらないこと：大学・大学院の目的は教育と研究

大学は教育機関であり研究機関です。大学教員は、教員であり研究者でもあります。大学の理系教育における目標の一つは、研究を通して学生に**問題解決力**を付けさせること。講義とは異なり、未知なる答えを見いだすことが「研究」ですから、研究

を含む教育には非常に時間がかかります。また、研究とは一筋縄でいくものではなく、試行錯誤と努力が必要です。教員の助言と指導がなければ、学生が研究で成果をだすことはほぼ不可能です。

## 4. 「昔の研究室を再現する」ことが目標ではないはず

かつては教授に「バカ」「アホ」などと叱責されるのは当たり前で、ときには「実験を失敗したら、学位はやらない」と脅しのように言われることもありました。ひとつの傾向として、教員は、自身がかつて受けた研究指導法を繰り返すことが多いようです。「厳しい指導を耐えたからこそ今の成功がある」と思いたくなる気持ちは本当によくわかります。しかし、この本を読んでいるあなたが、「昔されたことを自分の学生にする」のは大きな間違いです。時代は変わっています。かつての正攻法が現在の最善策とは限らないのです。

> 学生とのトラブルの原因になりうる行動をリストアップしています。自分の行動を振りかえってみましょう。

### ✓ あなたは大丈夫？　研究指導チェックリスト

**学生との電子メール**

- ☐ 忙しいので、夜10時以降にメールを送ることが多い
- ☐ 学休日（日曜日や祝日）にメールを送ったことがある
- ☐ 同じ内容のメールを繰り返して送っている
- ☐ メールで出した指示をすぐ後のメールで訂正することが多い
- ☐ パソコンの画面に収まらないほどの長いメールをしばしば送る
- ☐ 学生からのメールに返信しなかったことがある
- ☐ 返信しないことをもって学生に「承諾」を表していることがある

# 1章 他人ごとではありません、大学でのトラブル

## 02. ハラスメントについて知る

学生-教員間のトラブルを分類してみましょう

### 1. ハラスメントとは対人関係における不快な言動

深刻なトラブルは**ハラスメント**（Harassment）になります。ハラスメントとは、対人関係において誰かがもう一方に不利益や不快を与える人権侵害の言動のことで、相手がひどく不快に思ったり屈辱感をもつのであればハラスメントになります。大学での対人関係には学生、教員、職員の間でいろいろな組み合わせがあります。

教員が、学生または学生の関係者、他の教員、職員に不利益や不快を与えるような人権侵害の言動をハラスメントとしてイメージする人が多いと思いますが、逆に、学生または関係者が他の学生、教員または職員に不利益や不快を与える人権侵害の言動も大学でのハラスメントとみなされます。学生-教員間のトラブルはハラスメントに発展することがあります。

### 2. 教育の場で起こるアカデミック・ハラスメント

学生-教員間のトラブルで多いものは**アカデミック・ハラスメント**[*1]で、指導的立場にある教員が、学生の人格を傷つけたり、評価や研究に対する不利益な取り扱いを行ったり、公私混同を行うことをいいます。たとえば、学生の能力や性格について不適切な発言をしたり、学生の失敗を執拗に追求したり、必要なく人前で大声で叱責したりすることがアカハラに含まれます。学生に対する適切な**教育的配慮**がない行動を総じてアカハラと呼ぶという理解で構いません。

一方、教育や研究のうえで必要な指示や注意が、学生にとって不快で不満をもたれることもありますが、適正な範囲内[*2]であれば**教育的指導**とみなされ、ハラスメントにはなりません。

*1 アカハラともいう

*2 具体的には4章の項目15や16を参照

## 3. 立場の上位性をふりかざすパワー・ハラスメント

教員が指導的立場を利用して適正な範囲を超えて指導や注意を行い、学生に精神的あるいは身体的苦痛を与えることを**パワー・ハラスメント**[*3]といいます。もちろん、法律に触れるような暴力や脅迫はただちにハラスメントになります。継続した侮辱[*4]や暴言、能力に比べて過大あるいは過小な要求をし続けることもパワハラに含まれます。言葉だけでなく、無視、舌打ち、眉をひそめるなどの態度も学生の脅威となります。アカハラと重複する部分も多くあります。

> [*3] パワハラともいう
>
> [*4] 無視など、態度で示す嫌がらせを「モラルハラスメント」ということも

## 4. 性的なプライバシーに踏み込むセクシャル・ハラスメント

相手の意に反し、相手に不快や不利益を与える性的な人権侵害の行動を指し、セクハラともいいます。セクハラというと、女子学生に対して行われるものというイメージを抱きがちですが、性的なプライバシーに踏み込み、それを相手が不快と感じればハラスメントになります[*5]。学生との程よい距離を保てない場合に起こりやすいもので、「彼氏／彼女はいるか」と尋ねる、公の場で性別を問いただす、性的少数者に対する差別的な発言をする、などが相当するでしょう。

> [*5] 男らしさ、女らしさを強要することもハラスメントにあたる

### ★ キャンパス・ハラスメント

大学で起こるハラスメントを総称して「**キャンパス・ハラスメント**」ともいいます[*6]。キャンパス・ハラスメントの定義は「大学等において、相手方の意思に反した不適切な言動をすることにより、相手方に不快感や不利益を与える人権侵害行為であり、学習・研究又は労働の環境を悪化させる行為を広く指すもの」です。教員-学生間だけでなく、学生同士や先輩-後輩間のトラブルも含みます。

> [*6] 飛翔法律事務所 編集「キャンパスハラスメント対策ハンドブック 改訂2版」経済産業調査会 (2018) より。

# 1章　他人ごとではありません、大学でのトラブル

## 03. トラブル解決の手段を知る

深刻度によって対応方法が変わります

### 1. ラボ内で早期発見・解決できれば言うことなし

トラブルとはどのようなものでも、お互いの誤解や齟齬(そご)が発端となり、その出来事から時間が経つほどすれ違いが大きくなって解決が困難になります。また、トラブルの当事者である学生と教員が直接、話し合うことは非常に大切です。早いうちに、学生側と教員側のそれぞれの問題[*1]を解決しましょう。人間関係ですので、どうしても互いのわだかまりが取れないこともあるでしょう。具体的な対応は2章以降で述べていきます。

[*1] 学生側に問題がある場合も、教員側に問題がある場合もあります

### 2. トラブル解決を手伝ってくれる人を探しましょう

研究室内での解決がうまくいかないときは、外部に協力者を求めましょう。**学部事務室**、**学部の先生**[*2] あるいは**学生相談室**と連携し、**情報共有**して善後策を考えます。長引かせるとこじれることも多いので、早めの相談と対応がよい結果につながります。<u>共に考え、話し合い、全員が幸せになる解決法を目指します</u>。立場や人間関係から同僚の先生や事務には言いづらいこともあるかもしれません。そのような時には学生相談室がよい相談先になるでしょう。

[*2] 学科長、学生担当教員、学部長・研究科長など

　具体的には、第三者による調停、研究テーマの変更、研究室（指導教員）の変更などがありえるでしょう。学生の両親や保証人が出てくる場合もあるので、部署間の連携はきわめて大切です。学生の休学や退学につながるような事態は極力避けたいものです。

学生さんだけでなく先生も気軽に来てくださいね！

## 3. 委員会によるトラブルの解決

もしトラブルが解決されない場合には、学生が大学の**ハラスメント防止委員会**[*3]に申し立てることもできます。すべての申し立てが受理されるわけではなく、また委員会の調査・審議対象となるわけではありません。申し立てが受理されて、調査による解決が必要となると時間がかかります。とくに教員の懲罰が提案されるような場合、慎重な調査と審議をするため、かなりの時間がかかります。

　ハラスメントの可能性が高いと考えられた場合は、大学によっても異なりますが、いくつかの解決法があります。たとえば、(1) ハラスメントを行なったとされる教員にハラスメントの相談があったことを通知する、(2) 当事者へのヒアリングをした後、学部長・研究科長との間で調整して適切な措置をとる、(3) 委員会により調査する、などです。

*3　大学により組織や名称が異なることがある

## 4. トラブルは誰にでも起こります

教員にとっては「些細なこと」でも、学生にとっては深刻な問題かもしれません。そのようなすれ違いがあると、教員がまったく感知していないうちに、いつの間にか委員会事案に発展することがあります。ハラスメントにならないようにするためには、まず**トラブルの予防**が大切です。この本に紹介しているトラブルやハラスメントの例や予防のポイントを知ることは、あなた自身の身を守ることにつながります。

## 5. 研究における学生-教員間トラブル（本書の内容）

本書は、大学・大学院での研究生活（研究室で過ごす生活）を中心に、学生-教員間のトラブルを予防し、解消することを目的としています。トラブルが減れば、研究室メンバーの精神的ストレスが減り、研究成果が上がることにつながります。扱う内容は次の通りです。

- 最近の学生の特徴を知る（2章）
- 学生への対応の基本（3章）
- どのように学生の研究を指導していくか（4章）
- 学生とのトラブルをどのように避けるか（5章）

ケーススタディを示して、その後に解説していく構成になっています。

## トラブルの解決まで

トラブルの深刻度により解決のしかたは異なります。大学によって名称や組織、解決法も異なることがあります。ハラスメント申し立てまで行くのはごくわずかです。巻末資料の表も参照してください。

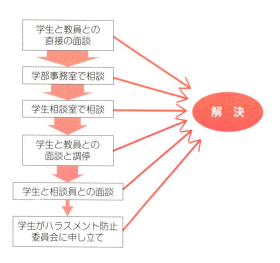

| | 定　義 | ハラスメントの例 |
|---|---|---|
| アカデミック・ハラスメント（アカハラ） | 研究教育に関わる優位な力関係のもとで行われる理不尽な行為。教員の場合では、学生の人格を傷つけたり、評価や研究に対する不利益な取り扱いを行うこと | （教員-学生間の場合）学生の能力や性格について不適切な発言／学生の失敗の執拗な追求／人前での過度の叱責／研究の妨害、成績評価や卒業を左右する権限を持っているとおどす／正当な理由なく単位を与えない／学生のプライバシーを侵害 |
| パワー・ハラスメント（パワハラ） | （教員の場合）教員が指導的立場を利用して適正な範囲を超えて指導や注意を行い、学生に精神的あるいは身体的苦痛を繰り返し与えること | 法律に触れる暴力や脅迫／継続した侮辱や暴言、能力に比べて過大あるいは過小な要求をし続ける（アカデミック・ハラスメントと重複するものも多い） |
| セクシャル・ハラスメント（セクハラ） | 相手の意に反し、相手に不利益や不快を与える性的な人権侵害の行動 | 必要なく身体に接触／容姿、容貌、服装についての品評／相手が不愉快に感じる性的な話をする／相手につきまとう（ストーカー行為） |

2章

# 学生とのコミュニケーション

研究室には多数の学生がおり、それぞれ個性も多様なので、十把一絡げにまとめることはできません。しかし、一定の傾向がみられることもあります。

2章 学生とのコミュニケーション

# 04. いまどきの学生

多様な背景と個性をもっています

### ケーススタディ File01　原理がわかっていない学生の発表

（事例はフィクションです）

**NG　教員の問題点**

- 学生は原理もわかっていないと決めつけている
- 実験には原理と方法の理解が欠かせないのは当然だが、それを学生に説明していない
- 長時間にわたって、しつこく小言を言っている

## 学生が多様であることを認識しましょう

### 1. 大学には多様な学生がいる

いまどきの学生は多様です。入試方式もさまざまで、推薦入試で入ってくる学生も多くなりました。同じ大学の同じ学部学科に所属していても学力には幅があり、よくできる学生もいれば、できない学生もいます。つまり、学生の学力は、富士山の裾野のように広いのが特徴です。原理や論理がわかっていないときに、頭ごなしで叱っては[*1] いけません。個性も精神面の成熟度もまちまちな学生の多様性を受け入れるのが、教員にとっての第一歩です。

[*1] 学生の成長には必ずしもつながりません

### 2. 家庭環境も学んできたこともいろいろ

さらに、学生は性格も家庭環境もさまざまです。あなたの考える「一般的な常識」を、どんな学生とも共有できるとは限りません。原理や論理がわかっていないと感じられたなら、具体的に教科書や文献を示して、何をどのように調べればよいか説明してみてください。もしかすると、それがその学生にとって「はじめて」の経験かもしれないのですから。

### 3. 教育環境も影響している

いまどきの学生は、**ゆとり世代**[*2] のあたりに属します。指示待ちで、受け身のことが多いのが特徴ですが、その割に点数や成績へのこだわりが強い傾向が見られます。主体性はあまり見られず、自主的に何かをやっていこうという気持ちは強くありません。したがって、教員による研究指導のイニシアチブが重要度を増してきます。

[*2] 1980年代後半から2000年始めまでの「ゆとり教育」を受けた人

### 4. 大学院の大変さを知らない

**根拠のない自信**を持っており、うまくいかない可能性を考えていない学生もよくみられます。そのような学生は、努力をしなくても卒業研究の単位や修士号が取れると思いこんでいるようで、研究の過程で壁を感じると大きなショックを受けます。特に修士課程では学部より高度な内容を要求されることを理解していません。結果としてギャップに悩み、教員がそれを意識せずに強く指導するとトラブルに発展することがあります。

2章 学生とのコミュニケーション

## 05. いまどきの学生の苦手

欠点を見つめてフォローする工夫を

### ケーススタディ File02

**英語論文がまったく読めない**

**相談**：学部4回生。もともと英語をひどく苦手としており、論文紹介（ジャーナルクラブ）用の英語論文を読めずに苦労していた。論文紹介の際に先輩の大学院生が質問ぜめにあって四苦八苦しているのを見てから、「私は論文紹介をする自信がない」と友達に言って研究室に来なくなった。

**対応**：学生と教員が（カウンセラー立会いのもと）面談して、論文紹介で質問されることは講義で出てくるような基礎的知識であること、論文中の不明な点の調べ方、学部の知識とどのようにつなげればよいかについて具体的に説明した。また、卒業研究では学生実習より高いレベルの知識が求められ、大学院ではさらに詳しい知識が求められること、さらに最初から上手に論文紹介をできる学生などいないことも説明した。

**その後**：論文のわからない部分を調べたり同僚や先輩に質問したりして、なんとか論文紹介にこぎつけた。2回目は、ずっと上手に説明することができた。

（事例はフィクションです）

**学生の問題点**
- 論文紹介とはどういうものか、概要を理解していなかった
- どのように基礎的知識の下調べをするか、わかっていなかった

## 学生の特徴をつかみましょう

### 1. 打たれ弱い

事例で紹介した学生は小さなつまづきや挫折に対する耐性がなく、別の学生が論文紹介で苦労しているのを見るだけで、もうダメだと思って落ち込んでしまいました[*1]。実験が失敗したとき、すぐに教員が助け船を出すと過保護になります。<u>学生を励まして論文に挑戦させたり、自力で問題を解決するプロセスを経験しないと実力はつきません</u>。**忍耐力**を持って学生の成長を見守る姿勢が必要です。

### 2. 叱られることに慣れていない

今の学生は、親や学校の先生にほめられてばかりで、叱られた経験があまりありません。もともと失敗を想定していないので、叱られても「すいません」の一言が出ません。逆に、大学で叱られるなどの強い**教育的指導**を受けると、ハラスメントを受けたと捉えることもあります。言い方を工夫しないと、萎縮させるだけで、指導内容が学生の心に届きません（21〜22ページ参照）。具体的に指導して、学生自身で解決するように工夫しましょう。

### 3. コミュニケーション能力が低い

**コミュニケーション能力**[*2] が低いため、他人としゃべるのが苦手な学生が多くなっています。SNS[*3] は問題なくこなせるのに口頭発表やディスカッションは困難、ということもあります。コミュニケーション能力は他人と協力できる能力でもあるので、コミュニケーション能力が低ければ学生間の関係が希薄となり、協力関係を築くことが難しくなります。

---

[*1] 実験が最初からうまくいかないのは（われわれ教員にとっては）当たり前のことですが、実験を成功させる努力を継続せずに、あきらめてしまう例も見られます

[*2] コミュ力と略すこともあります

[*3] Social Networking Service の略。Facebook、Twitter、Instagram など

## 4. 想像力が乏しい

**想像力**が乏しい学生も、昨今よく見られます。そのような学生は、**臨機応変の対応**[*4] が不得意です。欠席の連絡をしなかったらどうなるのか、掃除をしなかったらどうなるのか、試薬を使い切って注文しなかったらどうなるのか…、想像力が働いていないなと感じられる場面が多く見られます。彼らは、自分の行動によって（未来の自分や他人が）困る場面を考えていません。周囲とのトラブルに発展することもあるので、対応が必要です。

> [*4] 研究では何が起こるかわからないので、とくに大切

## 5. 消費者意識をもっている

今の学生は消費者のような**権利意識**をもっています。具体的には、「授業料を払っているのだから、大学も教育や研究指導に関して相応のサービスを提供すべき」という考え方です。学生だけでなく親や保証人の権利意識も強くなっており、大学に理不尽な要求をする**モンスター・ペアレント**[*5] に出会うこともあるでしょう。学生がハラスメントについて過敏になっていると認識しましょう。しかしその一方で、学生も親も、学生自身に「勉強する義務」があることには無関心です。

> [*5] 学生の両親や保証人などが大学に直接、電話をかけてくる場合もあります

**Q** 修士1年生の学生ですが、のんびりとしていて成果が出ていません。就職活動も始めるようです。

**A** 就職活動を始めるまでに実験をなるべく進めるように言いましょう。

**就**職活動が始まると、かなりの数のエントリーシートを書いたり、インターンシップや企業説明会などに参加することになり、研究との両立はほとんど不可能です。また就活後に実験のリハビリする期間も必要です。そのため、就職活動を始めるまでに、実験をなるべく進めておくことが非常に大切だと、学生に認識をもってもらいましょう。

# 2章 学生とのコミュニケーション

## 06. いまどきの学生の得意

良い点を伸ばして自信をつけさせましょう

**ケーススタディ File03** 三度目にやっと

（事例はフィクションです）

 **教員の良い点**
- 学生の可能性をつぶさず、何回かチャンスを与えている
- 何を準備すべきか、改善のアドバイスを具体的に与えている

## 学生の良い面も理解しましょう

### 1. 真面目で従順

いまどきの学生は真面目で従順です。自分の能力と努力だけでは物事が進まないことをわかっているのかもしれません。言えばその通りきちんと実行するので、教員が細かく指導すれば研究は進みます。つまり**マニュアル**[*1]さえあればその通りやっていきます。そういう意味では、今の学生は能力が低いというわけではありません。チャンスを与えて助言すれば、しっかりやることができます。

*1 具体例やモデルでもよい

### 2. 慎重で冒険をしない

実際、マニュアルがあれば手堅くやっていくことができます。ですから、慎重で冒険をしない[*2]のが特徴です。教員から見ると、人任せでやる気がないように見えることもありますが、単に慎重にやっているだけです。しかし、マニュアルだけに従うようになると、慎重さはかえって欠点になります。マニュアルに従ってやっているうちは原理を理解しているわけではないので、マニュアル外の事態に臨機応変には対応できません。

*2 リスクを回避することにつながる

### 3. 私生活を大事にする

かつてに比べ、私生活を大事にする傾向は強くなっており、協調性の低下にもつながっています。研究の実態をわからないまま、「なぜ週5日間も実験をしなければならないのか」と思う学生も少なからずいます。事前に確認をとらなければ、研究室の懇親会にもなかなか出ない場合もあります。「懇親会に参加する意義」をあらためて説明する必要もあるかもしれません。実験上の事故や怪我の防止など安全確保の点からも、**休校日**[*3]に意味なく学生に実験させることは避けましょう。

*3 土曜日、日曜日、祝日、夏休みなどの休日

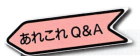

**Q** 来週、卒業研究に配属された学生の歓迎会をしようとしていますが、参加状況が思わしくありません。

**A** 意義を説明しましょう。次回以降はなるべく早く学生に予定を伝えましょう。

**研**究室では歓迎会や送別会などが企画されます。研究室のメンバー同士の親交を深めることが目的ですね。研究室の行事はなるべく早めに告知することが大切です。配属時の説明会などで年間の行事予定をざっと伝えておくのも良いでしょう。また、お酒が飲めなくても評価に関係することはまったくないこと、アルコールを飲み過ぎないことも伝えておきます。留学生がいる場合には、ハラルなど飲食物の禁忌に配慮することも必要です。

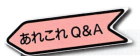

**Q** 大学院進学が決まった学生がいるのですが、クラブ活動に夢中で卒業研究がまったく進んでいません。どうしたらよいでしょうか？

**A** 大学院進学の心がまえを説明しましょう。

**多**くの学生は、大学院での研究が大変な（手間も時間もかかる）ことを認識していません。そのため、院試後に羽を伸ばしてしまって、冬になってから困っているケースもまま見受けられます。ふつう、秋にはサークルやクラブの活動は卒業でしょう。早い時期に大学院進学の心がまえを学生に示し、進学後のプランを考えさせましょう。

2章 学生とのコミュニケーション

# 07. いまどきの学生の価値観

就活、バイト、私生活も大切にしています

**ケーススタディ File04** 就活に夢中の学生

（事例はフィクションです）

**教員と学生それぞれの問題点**
- 学生に卒業研究をする気がない
- 学生が、必修の卒業研究と自分の人生とを秤にかけて論点をすり替えている
- 合間を縫って最低限の実験はさせるように、先生がしむけない

## 学生も苦労しています

### 1. 就職活動には時間がかかる

最近の**就職活動**（就活）は、以前に比べるとかなり大変です。インターンシップ、会社説明会などに多くの時間を取られ、数十もの会社にエントリーシート[*1]を出さなければなりません。充実した就活と研究の両立は難しいことを教員側が認識する必要があります。必ずしも全員が、思い通りの就職先に行けるとも限りません。

就活以外はまったくやる気のない学生がときどきいます。「就活はやめろ」と言っても、学生の心には響きません。ある程度、放っておくしかない場合があるかもしれません。就活で精力を使い果たして何も研究をしないことがないように、最低限の実験はさせましょう。実験と就活をうまく両立できるように指導したり、論文を読み進めておくなどを提案していきましょう。

就職活動がうまくいっても、**燃えつき症候群**[*2]になって研究が進まなくなることもあるので、ケアが必要です。

### 2. アルバイトが必要な学生もいる

以前に比べて学費や生活費が高くなっており、**日本学生支援機構**[*3]の奨学金の負担も増しています。そのため、**アルバイト**で収入を得ることが必要な学生が増えているようです。大学院のティーチング・アシスタント（TA）をすることである程度の収入は得られますが、十分ではありません。生活費を工面するために、深夜アルバイト[*4]をしている学生もいます。

### 3. 奨学金の返済が重荷になる

日本学生支援機構の奨学金には給付型（返還義務なし）と貸与型（無利息と利息付き）があり、貸与型奨学金は返済負担が大きくなっています。かつては教育職や研究職をはじめとした指定機関に就職すると奨学金の返済が猶予（一部免除）される制度がありましたが、すでに廃止されました。勉強・研究にさしつかえのない範囲で、アルバイトは許容せざるを得ないでしょう。

---

*1 履歴書の内容に加えて、志望動機や自己アピールなどを書く様式

*2 就職内定後に発症し、1〜3ヶ月間、大学に来なくなる

*3 JASSOと略す。目的の1つは「我が国の大学等において学ぶ学生等に対する適切な修学の環境を整備し、もって次代の社会を担う豊かな人間性を備えた創造的な人材の育成に資する」こと

*4 ブラックバイトにはまる学生もいる

07 いまどきの学生の価値観

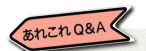

**Q** 学生があまり不勉強なので、つい腹が立ってどなりつけてしまいました。やりすぎたなと思うのですが、どうしたらよいでしょうか？

**A** 後でしっかりフォローしましょう。

学生は「なぜそこまで叱られたのか」とショックを受けているかもしれません。つい感情的になって叱ってしまったら、すぐに**フォロー**してください。具体的にどこが不勉強だったかを示して理解させ、学生のために心を鬼にして叱ったのだと、伝えましょう。「言いすぎて悪かった」と謝ることが必要なこともあります。フォローしなければ信頼関係はくずれていきます。ただし、学生にいくら非がある場合でも、人格を傷つけるようなひどい言葉（64ページ参照）を口にするとパワハラになります。注意してください。

**Pick Up column**

# 勉強不足の学生とのコミュニケーション

ある研究室の論文セミナーで、紹介している論文の内容について教員が学生に質問していますが、基本的な質問をのどれにも答えられず、他の学生と比べても明らかに勉強不足です。ハラスメントにならないように、学生にはどう言うべきでしょうか？

「こんなことも勉強していないのなら、単位はやれない！」
→ ✕ 単位を判定する立場からの脅しとなるので禁止。アカハラになる。

「死ぬほど勉強しなきゃダメだ！」
→ ✕ 何をどのくらい勉強すべきか示されていないので意味がなく、アカハラになり得ます。

「全然なってない。論文紹介はもう中止だ！」
→ ✕ 学生には逃げ道がなく、途方に暮れます。指導放棄になります。

「そのやる気のない態度は何だ。顔を洗って出直してこい！」
→ ✕ 学生なりにしっかり勉強したつもりかもしれないので、決めつけはよくありません。

「なぜこんなに簡単なことがわからないんだ。答えられて当然だ」
→ △ 学生にとっては簡単でないことかもしれません。どうすべきかを示すことが大切です。

「前回の論文紹介のときも勉強不足だったじゃないか」
→ △ 今回の論文紹介について言うべきで、過去の蒸し返しには教育的効果はありません。

「他の卒研生は答えられるのに、なぜ君は答えられないんだ」
→ △ 他の学生と比較しても解決にはなりません。発奮を促す効果も薄いでしょう。

「私が学生だったときは、紹介用の論文はボロボロになるまで読み込んだものだ」
→△教員の過去の常識は、現在の学生には通用しないと思っておいた方がいいでしょう。

「予定の1時間が過ぎたので、論文紹介はここで終わります。次回も同じ論文を紹介してもらいますから、基本事項についてもう少し下調べをしてきなさい」
→〇指定時間を越えたので中止にしただけであり適切。次回までにすべきことも示している。

「講義で教えた内容については最低限として勉強するようにと皆に言っておいた。基本的な質問にまったく答えられないのは勉強不足だ」
→〇具体的な基準を全員に公開しており、基準そのものも問題がありません。

「しっかり勉強したつもりかもしれないが、△△について勉強が足りない」
→〇具体的な指摘が含まれている。

「△△についての理解が足りない。教科書か論文でもっと調べなさい」
→〇具体的な対策が含まれている。

「今後も勉強しないようであれば、単位が取れなくなる可能性がある」
→〇単位の判定基準から考えると取得できない可能性があるという「事実」を述べている。

# 3章

# 学生への対応の基本

いまどきの学生に対しては、どのように対応したらよいのでしょうか。学生の特徴と傾向をつかんでいれば、よい方向に伸ばしていくことができます。

## 3章 学生への対応の基本

## 08. やる気と自主性を持たせる

自分から動き出すきっかけづくりを

### ケーススタディ File05　研究についていけない大学院生

（事例はフィクションです）

**学生の問題点**

- 大学院での研究レベルが学部の時よりも高いことを認識していない
- 問題の原因が自分自身にある可能性を考えられていない
- 自身ではなく、研究室（環境）を変えることで問題は解決すると信じている

## 学生のモチベーションを上げましょう

### 1. 学生ひとりひとりに合わせて対応しましょう

いまどきの学生が多様であることを意識し、認めることが大前提です。なぜ多様になったのかと、文句を言っても始まりません。今では学力の幅も広くなっており、価値観も多様です。大学院と学部の違いについてあまり考えずに進学する学生は多く、進学前の指導も大切です。面倒かもしれませんが、研究指導は個々の学生の様子*1 をふまえて行いましょう。

*1 学力や志向、言動など

### 2. 学生をやる気にさせましょう

学生が自ら動くようになれば、どんなに素晴らしいでしょうか。学生に**モチベーション**（やる気）を持たせることがいちばん大切です。いろいろな機会に乗じて学生のやる気を奮いたたせるように学生を誘導していきましょう。大学・大学院では科学の厳しさを教えることも大事ですが、まずは学生を自立させ、ひとりで学習し研究していけるようし向けることが教員の目標です。

### 3. 自主的に研究をさせましょう

研究は強制してさせるのでも、お客さんとしてやってもらうのでもなく、自主的に研究する状態が理想です。学生自身の研究なのですから、自主的に研究しない限り、よい成果も出ません。研究をした経験が社会に出ても役立つことを伝えましょう。研究の過程で培った**問題解決力**\*2 が役に立つことも。

*2 実験を成功させるために、自分で考えること

### 4. 研究レベルに合わせて対応しましょう

個々の学生とは真剣に向き合いましょう。科学面で手を抜く必要ありませんが、卒業研究レベルと修士課程レベルでは大きな差があることを教員も認識して、学生に対応しましょう。また、研究を進めるうえでは、学生ごとの個人差にも注意しましょう。一辺倒の指示が、全員に同じようには伝わりません。

08 やる気と自主性を持たせる

3章 学生への対応の基本

## 09. 研究指導

教員が教えるべきことは何か

### ケーススタディ File06

**失敗は誰のせい？**

**相談**：ある大学院生が新しい実験手法で研究を進めていた。しかし指導教員はその実験方法についてあまり詳しく把握しておらず、大学院生に実験を任せていた。ところが予想通りの結果が得られず、その方針は中止せざるを得なくなった。教員は「試薬や機器も無駄になった。こんな結果になったのは君のせいだ」と言い、院生は「実験の報告はしていましたし、丸投げしていたのは先生ではないですか」と言い、収拾がつかなくなった。院生が学生相談室を訪れ、「きちんとした指導を受けられないのであれば、別の研究室に移りたい」と訴えた。

**対応**：相談員は院生だけでなく教員とも面談したが、両者の言い分はことごとく異なっていた。そのため、有効な解決策は提示できず、状況を見守るしかなかった。

**その後**：院生は研究室を移動せず、その後も同様ないさかいが何度か起きたが、修士号を取り、なんとか企業の研究職に就職できた。

（事例はフィクションです）

**教員の問題点**
- 院生の研究指導をしていなかった
- 問題が発覚した後も、教員に責任の一端があることを認識していない

## すべての学生に、同じ態度で接しましょう

### 1. 学生と話す

定期的に学生と話すことが大切です。筆者は週に1回はどの学生とも話す機会を設けるようにしています。話さない相手とは信頼関係を築けません。研究の進み具合や学生の様子を観察するためのよい機会です。なるべく学生の話を聞きましょう。感受性の高い学生もいるので、話すときは普通のトーンで、高圧的あるいは威圧的な言い方にならないように注意しましょう[*1]。

[*1] 教員は丁寧な説明を心がけ、質問を促すようにします

### 2. 研究の目標を明確に示す

研究の目標は、すべての学生に示しましょう。たとえば、「1回目の実験はここまでできるように」、「2回目はここまで」などと目安を示すとよいでしょう。参考資料や書籍を根拠として、「卒研生ならここまでできるように」などと目標を設定するのも構いません。**達成感**を感じられなければ学生は研究を続けられないので、研究目標の設定は**重要**です。しかし、目標達成を強制してはいけません[*2]。

[*2] テーマごとに難易度が、学生ごとに進捗度が異なるため

### 3. 評価基準を示す

研究の評価基準も、すべての学生に示すことが大切です。出席点、論文紹介、研究発表、研究成果（論文、学会発表など）が評価項目になりますが、首尾一貫した基準が必要です。飲み会に出席しなかったり、アルコールは飲めないなどの理由で減点することは絶対にない、ということも言っておいた方がよい場合もあります。**えこひいき**は厳禁です[*3]。

[*3] 個人的な好き・嫌いを評価に含めてはいけません

### 4. 学生のプライベートを尊重する

研究室セミナー等を**休校日**[*4]に行うのは避けましょう。学生個人の私生活を尊重し、プライベートは詮索しません。長期休暇の間は、万が一の連絡のために大まかな行き先等は把握すべき

[*4] 土曜日、日曜日、祝日、夏休みなどの休日

ですが、干渉してはいけません。休校日に学生が実験したいと申し出た場合には、安全面に配慮したうえで認めてよいですが、強制してはいけません。

## 5. 教員の言葉は重い

教員は研究に関する単位を認定する権利、つまり絶対的権力を持っています。ですから、学生にとって教員の言葉は重く響きます。「単位をやらない」という言い方は、ときに学生の精神的動揺を与え、ハラスメントになります。学生の行動に問題があって正したい場合には、先輩学生や助教などと問題を共有して、間接的に伝えてもらうのもよいでしょう。**学部事務室**や**学生相談室**に相談して連携する場合もあります。

表. 講義と研究の評価のちがい

| | 講 義 | 研 究 |
|---|---|---|
| 概 要 | 学部や大学院での講義 | 学部での卒業研究、大学院（修士課程、博士課程）での研究 |
| 目 標 | 講義内容に関する基礎学力を習得すること | 1）自分で研究を進めることができること<br>2）（大学院では）新しい知見があり、独創性があること |
| 評価ポイント | シラバスに記載の学習目標に達していること | 1）基礎学力を持っている<br>2）先行研究を調べて研究の問いを発見できる<br>3）みずから研究をやり遂げて、問いを解決することができる<br>4）研究者として広い視野と倫理を持っている |
| 評価方法 | 定期試験、平常点（出席、小テスト、レポートなど） | 講義、論文紹介、研究発表、自分の研究（取り組み態度、研究の進め方、研究成果など） |
| 点数化 | しやすい | しにくい |

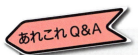

**Q** 就職活動が終わった途端、研究室に来なくなってしまった学生がいます。

**A** 燃えつき症候群です。まずは、研究室に来させましょう。

ケアせずに放置すると、研究が進まず卒業も難しくなることもあります（修了条件に研究活動が必要かどうかにもよるが）。なるべく研究室に来させるようにして、研究生活のリハビリをさせましょう。就職活動に失敗すると、引きこもりになってしまう学生もいます。いずれの場合も、定期的に学生と会って話すことが最善です。必要に応じて学部事務室や学生相談室と連携してください。

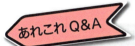

**Q** 研究室メンバーへの連絡などにSNSを使おうかと思っています。

**A** 状況を見て判断します。

学生の連絡先として、スマートフォンや携帯電話の番号はどうしても把握する必要があります。しかし、LINEなどのSNS（Social Networking Service）は学生のプライベートとの境目が曖昧で、学生との距離感がわかりにくい面があります。また、FacebookやTwitterなどは公的利用と私的利用のいずれもが可能なため、教員がこれらを利用することで学生のプライバシーに踏み込まないかどうか慎重になる必要があります。

3章 学生への対応の基本

# 10. 研究指導での禁忌

教員がしてはならないことは？

**ケーススタディ File07** 学生に責任転嫁!?

（事例はフィクションです）

**教員の問題点**
- 以前のことを蒸し返している
- 実験において条件検討がたいへん重要であることを説明していない（説明したかもしれないが学生には重要性が伝わっていないようだ）
- 自分の言動を振り返らずに、学生を非難している

## ハラスメントにつながる行動はやめましょう

### 1. 学生についてネガティブに考える ✗

「学生の質が落ちた」「できない学生が増えた」「やる気のある学生が減った」とネガティブに考えないようにしましょう。あなた自身の指導教員も、かつては同じように思っていたかもしれません。理論や原理を説明し、細かな指導をして何度かチャンスを与えれば、できるようになる学生がほとんどです。「今の学生はこうだ」と決めつけず、なるべく学生の長所を評価して伸ばしましょう。

### 2. えこひいきをする ✗

学生は、教員の行動をしっかり観察しているので、**えこひいき**(不公平な状況)にも敏感です。誰にでも同じように接するようにしましょう。研究や実験の不備などを叱る場合でも、同じ基準[*1]のもとで、すべての学生を公平に判断していることを示します。特定の学生だけをターゲットにしないようにしましょう。

[*1] 大学・大学院での研究も教育の一環です

### 3. 学生を追い詰める ✗

学生の間違った行為を叱るのは教育的なことです。ところが、エスカレートして感情的な叱責になると、学生がどうしたらよいかわからなくなり、**教育的指導**から逸脱していきます。学生が行いを改善できるように、具体的な対策やヒント[*2]を出し、望ましい方向性を示すことが大切です。学生の方が弱い立場であることは自明ですので、必ず逃げ道をつくっておきます。学生に責任転嫁するのはもってのほかです。

[*2] ヒントがあれば、多くの学生は先を考えることができます

### 4. 学生をしつこく叱りつける ✗

昔のように強く叱るのは、今や NG です。威圧するような大声や、長時間にわたる説教、多くの人の面前で叱責するのもよくありません。これらの行為を繰り返し行うことは、学生の人格を傷つける**ハラスメント**になります。学生は、教員の一挙手一投足[*3]をよく見ています。不適切な汚い言葉や、人格を否定するような表現は慎みましょう。

学生への批判は科学的・学術的な面に限定して、具体的な指摘をしましょう。一時的に感情が高ぶることもあるかもしれま

[*3] 教員が尊敬するに足るかどうかも評価しています

せんが、とにかく冷静になりましょう。

## 5. 学生との接触を避ける ✕

コミュニケーションの基本は対話です。「聞く耳を持たない」と言って、学生と話さないのはぜったいダメです[*4]。メールは、対話の代わりにはなりません。忙しいから、学生が多いからと言い訳していませんか。実際に忙しいときでも、面談アポイントメントを求められたら「忙しくて時間がない」とは言わず、都合のつかない時間（または都合のつく時間）を提示しましょう。

\*4 教育指導の放棄になります

表．不適切な研究指導の表現例

| 不適切な表現 | 別の言い方 |
| --- | --- |
| 「…を知らないのは頭がどうかしている」「…を知らないのはバカ（アホ）だ」 | 「…については教科書に載っている。理解していないのは勉強不足なので、しっかり学ぼう。」 |
| 「Aがわかっていないし、Bもわかっていない。君は何も理解していない」 | 「Aを理解するためにはどうしてもBを調べなければならない。だから、Bをしっかり調べよう。」 |
| 「実験を失敗した理由を聞く気はない」「実験のやりっ放しはダメだ」 | 「実験を失敗した理由を、きちんと考えてから報告に来なさい」 |
| 「この実験を失敗するくらいだから、他の実験もきっと失敗しているはずだ」 | 「この実験を失敗した理由を、過去の実験と比べて検討してみよう」 |
| 「この実験を失敗したのだから、難しい実験はもうさせられない」 | 「この実験をできるようになれば、難しい実験もできるようになる」 |
| 「この実験にどれだけたくさんの金がかかっていると思うんだ」 | 「この実験には君の労力だけでなく、研究費もかかっているよ」 |
| 「論文をよく読まずに実験するから失敗したんだ」 | 「論文中の実験に関係する部分をもう一度、読み直してみよう。ヒントがあるかもしれない」 |

3章　学生への対応の基本

# 11. 教育的指導

学生に守らせるべきルールとは

## ケーススタディ File08

### 学会のついでに観光旅行？

**相談**：ある大学院生がスペインで学会発表をすることになった。大学から参加費補助がもらえるので、申請書を書いて先生の署名をもらいに来た。旅程は学会期間より3日も長く、フランス滞在と書かれていた。教員が尋ねると、学会の帰りにフランス観光に寄るのだと答えた。私用の滞在は許されないと言うと、「先生だって学会のエクスカーションに参加しているじゃないですか。なぜ行ってはいけないのですか」と反論して、険悪な状態になった。教員が学生相談室を訪れた。

**対応**：相談員が学生に、大学からの補助金は、学会発表のためだけに使うべきお金であること、また開催地（スペイン）と日本間の飛行機の使用済み搭乗券など旅程を証明するものが補助金の申請に必要であることも補足した。また、学会のエクスカーションは学会参加者の意見交換と懇親を目的とするものであり、学会活動（研究活動）の一部に含まれることも説明した。

**その後**：学生はフランス行きを諦め、学会最終日の翌日に帰国する旅程に変更した。教員は研究室セミナーにおいて、学会参加補助費や研究費の執行には厳正さが求められることや、国際学会に参加する意義やエクスカーションの意味について全学生に説明した。

（事例はフィクションです）

### 学生の問題点
- 参加補助費を使って、学会と関係のない場所に観光に行こうとしている
- 学会エクスカーションの主旨を誤解している

## 大学での研究の位置付けを、学生に理解させましょう

### 1. 社会的常識を持たせよう！

研究費や旅費などの予算執行について、学生の認識が足りないことはよくあります。ケーススタディのような誤解は少なくありませんので、旅費などについての事前説明[*1]は必須です。また、卒業論文・修士論文などの添削は何回か原稿をやりとりして完成させていくものなので、時間がかかることをあらかじめ伝えておきましょう。教員を含めて誰かに推薦状などを頼むときは、相手の都合を考えることも必要だ、などの常識的なことも言っておいたほうがいいでしょう。

[*1] 科学研究費や参加補助費などの使用用途は限定され、また研究費は有限であることなど

**表. よくある!? 学生の勘違い**

- 実験器具や試薬はたくさんあるので、使い放題だ
- 実験用の水は大学から支給されるので無料だ
- 大学にある機械・機器は無料で使える
- 先生は研究費をたくさん持っている
- 先生は学生にきわめてわかりやすく説明するのが当たり前だが、講義を欠席する（サボる）のは学生の自由
- 先生は研究について手取り足取り懇切丁寧に教えなければならない
- 夜中や休日でも、先生は学生からのメールに応える義務がある
- 締め切りギリギリに卒業論文を出しても、それを添削するのが先生のつとめ
- 学生は研究をせずにいくらでも就活をしてよい

### 2. 時間には厳しく

時刻厳守は社会生活の基本です。厳しくしましょう。研究室で行うセミナー（論文紹介、研究発表など）は遅刻しないようにさせ、欠席や遅刻しそうになったら必ず連絡させましょう。書類の提出、学会発表の要旨、卒業論文・修士論文などの提出締切も厳守させます。実験計画はしっかり立てさせて、実験が深夜に及ぶことがないようにしましょう。

## 3. 週間報告書を提出させるのも効果的

簡単な**報告書**[*2]を出させて、学生の状況を把握することができます。教員に直接手渡しで提出させることが大切で、学生との対話の時間がもてるので、研究の進み方だけでなく、精神面や体調の変化[*3]もわかります。提出が滞るのは、**ひきこもり**やハラスメント被害の前兆かもしれません。同僚の学生に様子を聞いてみましょう。

＊2　前の週の報告書、あるいは次週の予定表でもよい

＊3　不眠、体調不良、集中力の減退など

## 4. 研究することが学生の本分

研究を含む学業が、大学生・大学院生の本分（義務）であることを意識させましょう。研究がうまくいくかどうかは誰にもわからないものですが、「実験が行きづまっても、それを解決するのが研究である」ということは、学生は意外に認識していません（「実験をうまくやる＝研究」だと思いがち）。意識の低い学生に本気で研究に向き合わせることができるか、教員の資質が問われています。

学生とのトラブルの原因になりうる行動をリストアップしています。自分の行動を振りかえってみましょう。

### ✓ あなたは大丈夫？　研究指導チェックリスト

**研究室セミナーなどで**

- ☐「バカ」「アホ」「クズ」と言ったことがある
- ☐ 舌打ちをしたり、大げさな溜息をつく癖がある
- ☐ 大声で、感情的にどなりつけたことがある
- ☐ こぶしで机を叩きながら話をする癖がある
- ☐ 学生の理解度の低さを馬鹿にすることがある
- ☐ 多くの学生の前で、特定の学生を叱責したことがある
- ☐ むしゃくしゃして、学生に八つ当たりしたことがある
- ☐ 学生の話をさえぎって自分の意見を言ったことがある
- ☐ 学生の反論は一切許さない
- ☐ セミナー中、腕組みをして話を聞く癖がある

3章 学生への対応の基本

## 12. 進路相談

学生に選ばせましょう

### ケーススタディ File09

#### 博士課程への進学を強要

相談：ある修士課程の大学院生は、いつも教授から「ドクターになれば、よりハイレベルの実験をしなければならないぞ」と言われていた。就職活動を始めようと思っていたある日、教授から博士課程の入試要項を渡され、「博士課程に進むのは当たり前だ。就活で実験が遅れるのは許さない」と言われた。その後、毎日、同じことを言われるので、院生が学生相談室にやって来た。

対応：院生は、「修士課程卒の方が求人が多いので、博士課程に行くつもりはない。就活を邪魔されるのは困る」と訴えた。そこで相談員は教員に「博士課程に行くことを勧めるのはよいが、強要することはできない。進路を決めるのは院生である」と説明した。

その後：教員はしぶしぶではあったが、院生が就活に行っても文句は言わなくなった。相談にきた学生は、志望していた企業の研究職に就職した。

（事例はフィクションです）

**教員の問題点**
- 博士課程進学が当たり前だと思っている
- 博士課程に行くことを必要以上に勧めている（言い方によっては強制になる）
- 院生の意思を尊重していない

### 学生の自主性を尊重しましょう

#### 1. 学生に無理強いしてはいけない

学生にもいろいろな事情があり、学部で卒業する人、修士課程で卒業する人、博士課程に進む人、さまざまです。たとえば、多くの企業の研究職は修士でほぼ占められていますが、博士も

一定数います。大学の職も昔ほど安定ではなく[*1]、また狭き門となっているため、博士号が役に立つとは言い切れません。教員の常識を学生に押し付けても、問題は解決しません。

[*1] 5年間などの任期付きの職も増えています

## 2. 学生への命令口調は避ける

科学上、学生は教員を尊重すべきですが、命令口調が過ぎると問題になることがあります。教員が実験の方法や進め方を強制することは避けましょう。就活について文句を言っても始まりません。まず学生の状況や言い分を聞いてから、助言するのもよいでしょう。場合によっては、進路について両親と相談するように勧めます。いずれも、学生自身がしっかりした考えを持っていないときは、学生本人に考えさせるようにし向けます。

## 3. 最終決定するのは学生

研究を、他人事と捉えている学生も一定数は存在します。単位さえ取って卒業できればよいと思っている学生もいます。とにかく、「実験をするのは学生自身である」という意識を持たせましょう。研究指導の際、教員は選択肢を提案または示唆して、最終的にどうするかは学生自身で決めさせるようにしましょう。

　将来の進路や就活について楽観的な考えを持つ学生は多くいます。教員には、就活の手助けはできません。進路や就活をどのようにするか、学生自身で考えさせるようにしましょう。

**Q** 研究室の学生が二つのグループに別れ、互いに嫌がらせをするなど、研究室の雰囲気がとても悪くなっています。

**A** 教員の立会いのもと、学生間で話し合わせてみましょう。

研究室の学生どうしの仲が悪いのは、ときに大きな問題になることがあります。学生同士が足の引っ張り合いをしていては、よい研究成果も出ません。学生間で話し合わせてみるのもよいでしょう。ウマが合わなくても研究室内ではある程度はやっていけますが、根本的な解決（仲良くさせること）には至りづらいでしょう。

4章

# どのように学生の研究を指導するか

学生がうまく研究を進められない様子を目の当たりにすると、どうしても教員はいらだちを感じてしまうでしょう。どのように研究を指導したらよいか、具体的に考えてみましょう。

4章 どのように学生の研究を指導するか

# 13. テーマの設定

学生個々のレベルに合わせましょう

**ケーススタディ File10** いい結果に大喜び！

（事例はフィクションです）

**教員の良い点**
- よい実験結果が「ぬか喜び」にならないよう、具体的な指示を出している
- 学生のやる気をそがないよう対応している

## 研究テーマの設定はとても大切です

### 1. 研究能力を養成するのには時間がかかる

卒業研究を始めたばかりの学生の多くは、「学生実験」と「研究のための実験」の違いを理解していません。「良い成績を取る（テストで良い点を取る）」人が、研究もうまくやるのだと信じている学生もいますし、大学院生と学部生の差を認識していない学生もいます。あなたが昔どうだったか、という話をしても、学生には自慢話にしか聞こえません[*1]。まずは、現在接している「研究を始めたばかりの学生」と「過去の（記憶の中の）自分」はまったく違うし、比較してはならないことを自分自身で納得することが重要です。

[*1] 学生にはネガティブに見られます

### 2. 学生が理解できる到達目標を設定しましょう

学生が理解できる、明確な**到達目標**を設定することが大切です。到達目標を設定することは、卒業研究や大学院での研究における不安を解消することにもつながります。目標さえ定まれば、しっかり研究に向き合える学生がほとんどです。逆に研究に本腰が入らない学生は、到達目標を（自分のこととして）理解できていないか、到達目標のレベルが本人に合っていないと考えられます。「なぜわからないんだ。なぜやらないんだ。」と学生を叱るのはやめましょう。最初から研究が完璧にできるくらいなら、大学や大学院には入っていません。

### 3. 細かい到達目標は学生の励みになる

なかには、難しいテーマに挑戦したいと言ってくる学生もいるでしょう。そのやる気は尊重したいですが、放任では上手くいきません。教員の助言と誘導によって、一歩一歩進ませましょう。たとえば研究には再現性が大切なので、ふつうは3回、同じ結果が得られるまで実験します（ケーススタディ参照）[*2]。大きい目標をもたせた学生ほど、細かい到達目標も決めさせるのがよいようです。たとえば毎週の目標でもかまいません。到達目標を達成したら、学生をほめることを忘れずに。学生の喜びを受け止めると、学生の**モチベーション**が上がります。

[*2] 再現性を確認することは当たり前ですが、学生はそう思っていません

## 4. 学生の能力に合った難易度にしましょう

研究や実験の難易度は、学生の能力に合わせて設定しましょう。筋力トレーニングと同じく、今の限界を100%としたら、目標は少し高めの110%ほどに設定します。高すぎても低すぎてもいけません。教員としての経験が浅いうちは、つい高すぎる目標を学生に与えてしまい、学生が実験などをうまく遂行できないことに苛立ちを感じる人も多いようです。学生に対する**寛容な心**をもって、怒りを抑えましょう*3。

*3 学生を見守るのも教育です

### ✓ あなたは大丈夫？ 研究指導チェックリスト

学生とのトラブルの原因になりうる行動をリストアップしています。自分の行動を振りかえってみましょう。

**実験関係で**

- ☐ 多忙などを理由に試薬の発注を先延ばしにしたことがある
- ☐ 失敗の罰として学生に実験や機器の使用を禁止したことがある
- ☐ 学生には，ひどく簡単な実験しかさせない
- ☐ 日曜日や休日に長時間の実験をさせている
- ☐ 夜遅くや休日に学生とディスカッションをする
- ☐ 実験に必要なディスカッションが出来ていない
- ☐ 学生が実験を失敗したら、強く叱責する
- ☐ 「○○日までに良い実験結果を出せ」が口癖である
- ☐ 学生の行う実験をすべて監督下に置き、指示した以外の実験は絶対させない
- ☐ 以前の失敗を引き合いに出してしまうことがある
- ☐ 他の学生と比較するような評価や感想を述べる

4章 どのように学生の研究を指導するか

## 14. 正しい方法

清く正しい研究手法を伝授しましょう

---

**ケーススタディ File11**

### 放任主義の教員

**相談**：教員Aは、学生に研究の概略のみを伝えて自由に実験をさせ、自身は研究室にもほとんど顔を出していなかった。学生たちは下調べもせずに実験を始めるので失敗が多く、そのため、教員Aは学生をいつも叱っていた。すぐに叱責が始まるため、ディスカッションもほとんど成立しなかった。困り果てた卒研生のひとりが相談に来た。

**対応**：相談員が学生と面談した。まず、激しい口論など、決定的な状況になってしまうのは避けるように助言した。先生との関係を改善するのは難しい状況と判断し、研究室を変わることも選択肢の一つであると伝えた。

**その後**：結局、学生は研究室を変えず、休学もしなかった。他大学の大学院を受験して合格し、現在はその修士課程で研究を続けている。

（事例はフィクションです）

**教員の問題点**
- 学生に研究の方向性や見通しを示さない（研究指導の不足）
- 学生の能力の見きわめられておらず、能力に応じた支援をしていない
- 不適切な研究環境を改善しようとしていない

## 研究の方法を学生に理解させましょう

### 1. 研究の概要を理解させましょう

たとえば研究室ガイダンスなどで研究の概要を伝えても、内容を理解できる学生はごくわずかです。研究の概要がわかっていないと、テーマを調べるためにはどのような実験が必要か、考えることができません。試しに学生に、いま取り組んでいる研究の「目的」を1〜2文で簡潔に言わせてみましょう。テーマを真に理解していなければ答えられないはずです。もし答えられない場合には、「どのようなことを証明したいから、どのような実験を行うか[*1]」を考えさせ、研究の目的と概要の理解を促しましょう。

[*1] 研究の結論も同じで、「どのようなことを証明するために、どのような実験を行ったか」を言えなくてはなりません

### 2. 基本的知識の必要性を感じさせましょう

研究テーマの背景や位置付けを知るためには、文献調査による**下調べ（情報収集）**が欠かせません。論文は、その研究成果を理解して整理しなければなりません。論文を理解するために必要な基礎知識（教科書に載っているような知識）や情報について学生自身に調べさせ、理解を促しましょう。とにかくコツコツ調べさせるしかありません。

### 3. 研究には忍耐が必要だと理解させましょう

卒業研究や大学院の研究は、学生実習とは質もレベルもまったく異なるということを学生は認識していません。いっぽう教員は、答えがわからないテーマを調べるのが研究であり、思い通りの結果が出ないことが多いことを重々承知しています。ここにギャップが生じがちです。研究には我慢と辛抱が必要だということを学生に認識させる必要があります。教員にとってはうまく出来て当たり前の実験を学生が失敗すれば当然イライラしますが、それをグッとこらえて指導にあたりましょう[*2]。

[*2] 学生はまだ一人前ではありません

## 4. 実験の正確さと再現性は厳格に

実験の正確さと再現性は、研究の信頼度に関わることなので厳しくします。学生であるからといって、手加減はしてはいけません[*3]。研究室での研究は結論がわかっていないものですから、結果が本当に正しいかどうかを確認するには、少なくとも3回の実験が必要です。正確さと再現性をおろそかにすると、**研究不正**にもつながりかねません。

> [*3] いい加減な実験をした場合には、しっかりと注意をします

## 5. 実験結果についてはしっかりディスカッション

最初のうち、学生は実験結果がよく理解できず、考察もできないのがふつうです。実験データの解釈や評価について学生が偏った見方[*4]をしていないか注意します。教員へ報告する時点ですでに、学生の主観や思い込みが入り込んでいることもありますから、実験結果（生データ）を見せるよう習慣づけさせましょう。一緒になって謙虚にしっかりと結果を考察し、学生と十分に議論をしましょう。学生が、考察の中身を理解していないと意味がありません。最初から答えを決めつけてもいけませんが、ある程度は、教員が道を示すことが必要です。このような過程を積み重ねることで、学生とのよい関係が育まれます。

> [*4] 強引な推論は、ときに研究不正につながることがあります

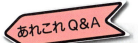

**Q** 私の言うことを聞かずに、自分のしたい実験に突っ走り失敗する学生がいます。

**A** 教員と議論してから実験するように徹底しましょう。

**学**生のプライドとやる気が空回りしており、大切な教員とのディスカッションが欠けているようです。「実験したい」という気持ちは尊重したいところですが、科学的妥当性（やって意味のある実験か）と経済的問題（実験にかかる費用と資源）については、かならず学生に説明して理解させるべきです。学生とこれらの点をしっかり議論して、学生に判断させるようにしましょう。

4章 どのように学生の研究を指導するか

# 15. 学生との対話

学生をうまく導きましょう

## ケーススタディ File12

### 体力に不安のある学生

**相談**：朝早くに起きるのが苦手で、いつも昼過ぎから大学へ来て実験を行う学生がいた。大学に入る前から、彼女は朝礼でよく座りこんでいたようだ。卒業研究のなかで、どうしても朝から夜まで一日中かかる実験をしなければならなくなったが、体力に不安があるため教員に相談した。すると、「この実験は研究に必要なので、実行しなければ卒業論文が書けなくなる」と言われてショックを受け、学生相談室へ相談に来た。

**対応**：相談員が教員に「実験には準備や片付けも含まれていると思うが、すべてを同日に行わなければならないのか」と尋ねたところ、準備は前日にしてもかまわないとのことであった。そこで学生に、教員と一緒に改めて実験計画を練り直すように勧めた。

**その後**：教員との相談により、前日に準備をしておけば、当日は昼から実験を始めても晩には終わらせられることがわかった。実際、学生は問題なく、晩までに実験を終了させた。

（事例はフィクションです）

**教員の問題点**
- 「卒業論文が書けなくなる」ことは状況説明として伝えたつもりだったが、対策を示さなかったために、学生には脅迫のように受け止められていた
- 実験計画の一部変更が可能なことを伝えていなかった

## 学生への助言が教員の腕の見せどころです

### 1. 学生の状況をよく見ましょう

学生の状況や置かれた環境はさまざまです。研究生活でのストレスは多く、学生の健康状態も観察して、個別に配慮して実験指導にあたります。実験の必要性と学生の状況の、折り合いをつけることも必要でしょう。一方、学生にも、事前に実験内容をしっかり理解しているか確認させてから計画を立てさせるようにしましょう。

### 2. 成功体験を積ませましょう

最初から難しい課題に挑戦させるのは避けましょう。とくに最初の学生指導はこまめに行い、まずは成功体験を積ませます。**成功体験**がなければ研究は続きません。最初の段階で「研究は難しいものだ」という意識を植えつけてしまうのはお勧めしません[*1]。挫折経験となって、学生が自信を失う可能性の方が高いでしょう。

> *1 わざわざ思い知らせるようなことはしなくとも、追々、必ずわかることです

### 3. 研究の進め方を指していきましょう

基本的な研究の進め方[*2]がわかっていないと、やる気があっても研究はあまり進みません。やる気が先行する場合には、実験目標のうち、難易度の低いものからさせるのがよいでしょう。また、研究の方法や実験技術などの大事な部分については細かな指示をしましょう。実験がうまくいくようになれば、何も言わなくても、自分から進んで実験をするようになります。

> *2 論文を調べて実験計画を立てて実施し、その結果を考察して次の計画を立てること

### 4. どうしても叱らなければならないとき

どうしても叱らなければならないときには、感情的にならず、客観的かつ具体的に指摘して[*3]、どうしたらよいかを示しましょう。ポイントは、指摘を短時間で終わらせること。つい感情

> *3 大声は厳禁です。ポイントを絞り、関連したことまで持ち出すことは避けます

的になって叱ってしまったときは、その後にかならず**フォロー**しましょう。学生のために叱っていることが基本で、叱られた内容を学生が納得する必要があります[*4]。先生が学生を叱るのは、学生に怒りをぶつけるためではなく、問題点や悪い点を克服して学生が研究をうまく進められるようにするためですね。まず先生が冷静になって、学生にどこが問題かを認識させ、今後どうしていくべきか対策を考えさせます。

[*4] 学生が反発してしまっては、悪い点を直すことはできません

## 5. 論文紹介セミナーでは

**論文紹介**[*5]は、他者の論文を通して行う、研究の疑似体験です。質問攻めにして学生を困らせることが目的ではありませんし、そうしてはなりません。セミナー時には、（本人を含めグループ全員が）論文を理解するために必要な、基礎的知識について質問します。学生が質問に答えられなかったら、次回までの**宿題**として調べさせるのも良いでしょう。逆に、教員がすぐ答えを言ってしまうのは教育的でありません。

[*5] 抄読会、ジャーナル・クラブなどとも呼ばれます

Q 学生が何度も実験を失敗するので、研究報告会のときに強く叱りました。個人攻撃のようになってしまったので心配です。

A なるべく具体的に、どこが悪かったのかを指摘してください。

**実**験の失敗には理由があるはずです。実験操作は練習すれば上達しますが、原理をわからずにやっていると実験は成功しません。研究発表会では失敗の原因をディスカッションし、どこが悪かったか具体的に示しましょう。失敗を責めても、学生が「どうすればよかったのか」わからないことがあるからです。研究室内のすべての学生に対して同じ客観的基準にしたがって、科学的な不備を指摘するであれば、個人攻撃にはなりません。ただし同じ研究室の他の学生と比較してどのくらい悪いなどと言ったり、大声で叱責したり、長時間叱ることは避けてください。

4章 どのように学生の研究を指導するか

# 16. 流されない指導

ハラスメントを怖がらずに指導しましょう

ケーススタディ File13　対応への不満から不適切行為へ

（事例はフィクションです）

**学生の問題点**
- 講義中に大きな声で友達と私語を続けた
- 成績判定に異議を申し立てることは学生の権利であり問題ないが、ストーカー行為（不適切行為）をした

> 厳しい教育的指導は必要です

## 1. 常識に欠ける学生は注意すべき

講義中に寝ていても周りの学生の邪魔にはなりませんが、私語を続けるのは大いに迷惑です[*1]。ときおり、私語をしながら別の科目のレポートを書いていたりする学生がいます。注意して退席させることは正しい指導であり、学生に対するハラスメントにはなりません。のちのトラブルに発展しないよう万全を期すのであれば、シラバスに私語をしないように書いておき、初回の講義でも口頭で説明をしておくのが無難でしょう。

*1 周りの学生の講義を聞く権利を奪っています

## 2. 客観的な基準を示しましょう

すべての学生に対して、同じ評価基準にしたがって問題点を指摘することが重要です。基準が明確に共有されていればハラスメントと言われる心配はぐんと減るでしょう。また、たとえ学生に非があっても、乱暴な言い方や大声での叱責は避けてください。たとえば「シラバスに書いてある通り…」「講義で出た○○は基本的知識なので、勉強しなければならない」などと、叱る場合の根拠[*2]を説明します。

*2 どのような基準があり、どのように逸脱したか

## 3. 協調性のない行動は NG

講義では、多くの学生が教員の話を聴いています。また、研究も一人だけでは行えず、研究室全体で進めていくものです。研究室の掃除当番などの仕事は、すべての学生が均等に負うべきです。就活や自分の研究が忙しいからという理由でさぼっている学生を黙認するのは避けましょう。一人の学生を特別扱いすると全体の和が乱れ、研究室に派閥ができることもあります。すべての学生に同じ態度で平等に対応することが大切です。

## 4. 研究における不正行為は許さない

**研究における不正行為**[*3] は、研究活動に対する研究者の誠実さを裏切る倫理違反です。具体的には捏造（存在しないデータや研究結果を作成する）、改ざん（研究データを真正でないものに操作・加工する）、盗用（他の研究者のアイデア、方法、データ、研究結果などを、適切な表示なく流用する）があります。これらに対しては、厳格に学生を指導すべきです。

*3 他人の研究の業績を引用せず、観察や実験等によってわかった客観的で検証可能なデータを提示せず、自分自身の発想やアイディア等に基づかないこと

4章 どのように学生の研究を指導するか

## 17. 場を整える

雰囲気のよい、開かれた研究室にしましょう

### ケーススタディ File14

#### 教授と准教授が対立する研究室

**相談**：教授と准教授の仲が悪く、研究室セミナーでも学生をそっちのけで、相手の研究のあら探しと非難を繰り返すような、険悪な状態が続いていた。研究発表会でも、学生たちはただただ二人の対立を見ているしかなかった。ある大学院生が教授の言う案に沿って実験をすることになったが、その場で准教授はその実験の失敗を予言した。大学院生は耐えきれなくなって、相談に訪れた。

**対応**：現在の状況では、大学院生は教授の言うことを聞くしかなく、様子を見ることとなった。

**その後**：大学院生に選択の余地はなく、教授の言う通りに実験を行った。准教授の言った通り、実験はみごとに失敗した。その後、教授は大学院生に別の実験を指示して、なんとか結果が出て学位を取ることができた。翌年、准教授は他大学に栄転した。

（事例はフィクションです）

**教員たちの問題点**
- 教員双方がいがみ合っている
- 教授の研究室運営が上手く機能しておらず、学生たちにも悪い影響が出ている

## 研究室の雰囲気は教員が変えられます

### 1. 風通しを良くしましょう

教授の力が強すぎるような独裁的な研究室では、学生や他の教員からの情報がうまく伝わりません。悪い結果や改善提案を教授にあえて報告しなかったり隠したりする風潮が生まれます。そのような状態では、不満もうずまくことになり、ハラスメントの温床にもなります。科学面では厳格であってもまったく構いません。普段からこまめにコミュニケーションをとるようにしていれば関係性も研究室の雰囲気も良くなり、結果的に素晴らしい研究成果がたくさん生まれます。

### 2. 自由に意見を言える環境にしましょう

研究室内ではフラットな人間関係を築き、研究内容に対する意見だけでなく、お互いに科学的批判[*1]も言える環境が重要です。**イエスマン**[*2]をつくるような研究室はいずれ衰退します。一方、ケーススタディのように教員間の仲違いが起きてしまうと、解決は難しくなります。

*1 相手をけなす「非難」ではない

*2 上の者の意見につねにYesという人

### 3. 外部の研究者や学生との交流は積極的に

他の研究室の人たちとの交流も大切です。とくに学生・大学院生を学会で発表させ、他研究室の学生や先生と意見交換する機会をもつことには意味があります。他大学から共同研究者を招いてセミナーや懇親会を開くことも、互いの良い刺激になりますので、面倒がらず、また構えすぎずに交流の場を設けていきましょう。

### 4. 研究室内ではデータを共有しましょう

研究室で行う**研究発表会**[*3]では、メンバー全員がデータを共有して、自由に意見を言うことができます。おかしなデータは、そこで指摘されるでしょう。研究室内で研究発表会を行わない

*3 Progress reportとも呼ばれる

のは、大きな問題です。また論文を書くときは、共著者間ですべてのデータを共有することが不可欠です。都合の悪いデータを隠すことは研究不正に直結します。

## 5. ハラスメントは研究不正の温床

アカデミック・ハラスメントやパワー・ハラスメントのある研究室では、よい研究成果は生まれません。逆に生まれやすいのが、**研究不正**です。独裁的な指導者のもとで、論文と競争的研究費獲得のための行き過ぎた成果主義が研究不正を生んだ例が最近よく報道されています。研究不正を防ぐためにも、研究室内でのハラスメントは根絶せねばなりません。

**Q** 学生に「先生はいつも機嫌が悪そうなので、話しづらい」と言われました。自分ではにこやかにしているつもりですが…

**A** 自己改革をしていきましょう。

学生に挨拶されたら、必ず挨拶を返していますか？　学生を叱っているとき、眉間にしわの寄った鬼のような形相になっていませんか？　学生を叱る必要があるときは、まず深呼吸して、冷静に、客観的で具体的な指摘をするように心がけましょう。「悪い」というだけでなく、どうしたら改善するかヒントを出します。また、普段からなるべく、教員側から学生に話しかけるようにしてみましょう。すぐにはできないかもしれませんが、心がけ次第で変われます。

# 5章

# トラブルを回避するには

研究は簡単ではないため、学生は不安と不満を抱えがちで、トラブルも起こり得ます。研究室の人間関係にも気を配り、トラブルの芽をいちはやく摘みとりましょう。

5章 トラブルを回避するには

## 18. 指示の出し方

細やかに学生を指導しましょう

### ケーススタディ File15

#### 研究指導がいつも夕方から始まる

**相談**：ある教員は、学生の研究指導をいつも夕方に行っていた。そのため、研究室の学生は研究指導後の夕方から夜にかけて実験せざるを得なかった。ある日、学生が洗い物をしている最中、メスシリンダーが割れて手を切り、かなり出血した。夜間であったため、近くの病院で5針縫ってもらう処置を受けた。翌日、学生は学生相談室に来て、「先生に直接は言いにくいのですが、今後は昼に実験させて欲しいんです」と訴えた。

**対応**：教員にヒアリングをしたところ、当日の夜ではなく翌日の昼に実験を始めても何ら支障がないことを確認できた。そこで、学生には大学の保健センターが開いている昼間に実験をさせるよう、改めて伝えるよう教員に勧めた。

**その後**：教員は、（朝からではないものの）午後早くから実験ができるように、早めに学生たちに指示を出すようになった。学生の不満も減り、相談後にケガや事故は起こっていない。

（事例はフィクションです）

**教員の問題点**
- 自分の都合を優先している
- 夜間の学生の実験について安全管理をしていない

## 学生の研究生活に積極的にかかわりましょう

### 1. 毎週、面談しましょう

「面談」といっても堅苦しいものではなく、顔を合わせて一対一で話をするということで、短時間で構いません。たとえば、毎週かんたんな**報告書**[*1]を書かせて、実験データと一緒に持ってきてもらい、実験の相談をするのも良いでしょう。学生の様子や予定もわかりますし、元気がないときはどうしたのかと尋ねることもできます。特に実験結果はかならず報告させるべきですし、「次はどうするか」相談する必要があるので、定期的な面談に意味があります。就職活動に取り組んでいる学生にも、どこに行ってきたか等を報告させます。

*1 週報のようなもの。前の週の報告書、あるいは次週の予定表でもよい

### 2. 適切なレベルの研究目標を示しましょう

学生にふさわしいレベルの目標を設定することが、最大の満足と達成感と研究成果をもたらします。そのためには、まず学生の気質や能力[*2]を見きわめる必要があります。たとえば筋力トレーニングでも、目標は限界より少し高めに設定し、昨日10回できたのであれば今日は11回というようにします。それと同じように、学生の能力の限界より少し高めに目標を設定して、学生の実力を伸ばしていきましょう。

*2 すべての学生が、同じ研究を遂行できるわけではありません

### 3. 研究目標は高すぎても低すぎてもダメ

研究目標は高すぎても低すぎてもうまくいきません。学生に期待をかけすぎて、難しすぎる実験課題を与えると、かえって才能をつぶすことがあります。また、低すぎる目標は簡単にクリアできるので、かえって学生の不満[*3]を呼ぶことがあります。学生が「研究はチョロい」となめてかかり、手抜きをすることもあります。学生が基本的理解を深め、成功体験を積み、**満足度**と自信を高めれば、一人で研究を進めていくようになります。

*3 プライドの高い学生は、バカにされたと感じます

18 指示の出し方

## 4. ポイントごとに細やかな研究指導をしましょう

学生時代に「実験がうまかった」と誇れる人はそれほど多くないはずです。大事なポイントでは指示やアドバイスを出して誘導し、研究の軌道修正をしていきましょう。能力の向上には、試行錯誤や、自分でコツをつかむことも必要ですから、手とり足とりで実験を教える必要はありません[*4]。一方、放任しておいて、学生が実験を失敗したとき（にだけ）、「こんなに簡単な実験もできないのか」と叱るのもいけません。

\*4 学生が自分では何も考えなくなってしまいます

### ✓ あなたは大丈夫？　研究指導チェックリスト

学生とのトラブルの原因になりうる行動をリストアップしています。自分の行動を振りかえってみましょう。

**普段の立ち居振る舞い**

- ☐ 学生と挨拶や会話を交わさない
- ☐ 学生の体調が悪いのに、実験を休ませなかったことがある
- ☐ 学会要旨や卒業論文の原稿の添削を後回しにしたことがある
- ☐ 推薦状の依頼を断ったことがある
- ☐ 特定の学生を研究室の集まりに呼ばなかったことがある
- ☐ 就職活動を歓迎しない態度をあらわにしている
- ☐ 特定の学生をニックネームで呼んだり，敬称をつけないで呼んでいる

5章 トラブルを回避するには

## 19. 学生との面談

一対一で穏やかに話しましょう

### ケーススタディ File16

#### 高額な器具を壊した

相談：片付けの最中、学生が手を滑らせて、分光光度計で用いる石英キュベットを割ってしまった。学生は先生に「割れてしまいました」と簡単に報告したが、先生はムッとした表情で、「ケガをしなかったのはよかったが、このキュベットは高い。弁償してもらわなければならないな」と言った。インターネットで調べたところ、石英キュベットはひとつ10万円もすることがわかり、とても弁償できないと思った。学生は、どうしたらよいかわからなくなって、相談室に来た。

対応：自分の不注意で実験器具を壊したことを認め、先生にしっかりと謝るよう学生に伝えた。一方、教員にも面談し、弁償に関する発言は本気ではなく、学生に注意を促すために言ったのだと確認できた。そのうえで、たとえ教育目的や冗談であっても学生に弁償の責任を匂わせることは不適切であることを説明した。また、高額な器具や機器については、使用前に学生に使い方の説明と注意を徹底すること、また必要であれば、学院生や教員が付き添って使い方を指導するように教員に勧めた。

（事例はフィクションです）

**教員の問題点**
- 学生がケガをしていないかを確認したことはよいが、(冗談でも)弁償するようにと教員が発言した
- 高額な器具や機器の使用法を事前に説明していなかった

## 学生とはいつも冷静に話しましょう

### 1. 直接、会って話しましょう

意思の疎通がうまくいかなかったり、良くない雰囲気を感じたら、なるべく早い時期に直接、学生と会って、話すのがよいでしょう。トラブルの芽を摘むことができます。まず誤解を解き、悪い点はお互い改善していきましょう。立場が違うために、ジョークが冗談として伝わらないことがあることを認識すべきです。メールだけで問題を解決しようとするのはやめましょう。メールだと相手の顔が見えないので、思っているよりも厳しい文面になったり、内容がエスカレートすることもあります。

### 2. 冷静に話しましょう

研究に関しては、具体的なポイントについて冷静に話すようにしましょう。学生は教員との関係悪化を恐れているかもしれません。大声になると高圧的、威圧的になるので、ふつうの声で話しましょう[*1]。乱暴な言い方は避け、不適切な言葉はつつしみましょう。会話をレコーダーで録音されているかもしれませんし、学生が掲示板や **SNS**[*2] に投稿することもありえます。とにかく冷静に話しましょう。

### 3. トラブルのときは単独で話さない

**トラブル関連の面談**のときは、**第三者**[*3] の同席を強く勧めます。お互いに感情的になることを防ぐことができます。また、同席の第三者とは、事前に打ち合わせをしておくのがよいでしょう(ただし、二人がかりで学生を追及するような構図にならないように!)。また、面談は教員の個室で行ってもかまいませんが、外から見えない密室にならないようにしましょう[*4]。声が外に漏れても構いません。

*1 舌打ちしたり机を叩いたりしながら話すのはパワハラにつながります

*2 Social Networking Service の略。Facebook、Twitter、Instagram など

*3 事務員、助教、秘書でもよい

*4 ガラス越しに部屋内が見えるようにしておく、または扉を開けたままにするとよい

## 4. 長時間の面談はやめましょう

学生とじっくり話すことは大切ですが、長時間の面談は避けましょう*5。同じことを何度も繰り返して話したりして、かえって効果はありません。また遅い時間帯だと疲れから心理的に余裕がなくなり、ついカッとなってしまう可能性もあります。面談はポイントだけを話すようにして、日中に行うのがよいでしょう。

＊5　長くても1回1時間以内

**Q** ハラスメントを防ぐ「アサーティブな話し方」とは何ですか？

**A** 自分も相手も大切にする自己表現のこと。強い立場にある教員が意識すべき話し方です。

研究の指導の際には、学生の立場を考えた慎重で適切な話し方が必要です。一方的に叱るだけでは、学生の心に響きません。第4章の章末にある記事は、学生に対する**アサーティブ**（Assertive）な話し方の例です。厳しい指導であっても、言い方を変えれば内容はそのままでも適切な指導となり、トラブルやハラスメントになりません。そして研究室の雰囲気をよくしてストレスを減らし、結果として研究成果を増やしていくことができます。

下記の本には、「自分も相手も大切にする自己表現（アサーション）」とは何かが説明されており、アサーティブな話し方の具体例が載っています。

- 森田汐生 著、『ハラスメントを防ぐ アサーティブな話し方・伝え方（働く人のコミュニケーションサポートブック）』現代けんこう出版（2017）
- 平木典子 著、『アサーション入門——自分も相手も大切にする自己表現法』講談社（2012）

5章 トラブルを回避するには

## 20. 教員の自己管理

自身のメンタル管理も重要です

ケーススタディ File17　泣きながら研究室を飛びだした学生

（事例はフィクションです）

**教員の問題点**
- 遅い時間帯に面談を受けてしまった
- 大声を出して学生を叱った
- 苛立ちを学生にぶつけてしまった

## 教員自身の体調管理をしましょう

### 1. 書類の締切が迫っているとき
さまざまな申請書や報告書の作成に忙しい時期もあります。頭の中は申請書の中身に集中していますから、学生の研究でつまらないところで失敗しているのを見ると、つい感情的になったり、叱ってしまうこともあるかもしれません。夜7時以降の遅い時間帯に、学生と面談やディスカッションをするのは避けます。学生に対してはいつでも忍耐が大切です[*1]。

[*1] 学生はまだ一人前の研究者ではありません

### 2. 講義や会議が多いとき
講義や会議が多いときもイライラが募るものです。会議でさんざん長話を聞かされているので、要領を得ない学生の話が耐えられなくなります。また、意識しないうちの学生に対して攻撃的になったり、高圧的になっていることがあります。このようなときはイライラの閾値が下がっているので、学生のちょっとしたことでもカッとなりがちです。注意しましょう。

### 3. 体調が悪いとき
体調が悪いときに限って、ついカッとなり、学生をどなりつけたりして後悔することになります。寝不足や疲れで体調が悪いときは十分注意しましょう。また気分にまかせて、特定の学生を見せしめにして困らせるのは言語道断です。イライラしているときは、研究指導には関係のない**余計なひとこと**[*2]を言わないように、とくに気をつけることが大切です。

[*2] 次ページの表「研究に関する不適切な言動の例」を参照

### 4. 学生数が多くて、目が行き届かないとき
学生が多く、目が行き届かないとき、研究の状況がわからずにイライラすることがあります。短い時間でもよいので、学生と話すようにしましょう。出張などで自分が対応できない場合には、他の教員や年上の大学院生・ポスドクに、一時的な管理を頼むのも良いでしょう。忙しいからといって放っておくことが最も良くありません。とくに、学生が研究室に来ているか、実験の安全配慮については手を抜けません。

表. 研究に関する不適切な言動の例

| 不適切な表現の例 | |
|---|---|
| 「バカ」「アホ」 | 明らかな悪意をもって言った場合はハラスメントになる可能性 |
| 「クズ」「無能」「能なし」「でくのぼう」 | 人格無視の暴言 |
| 「ねえちゃん」「おねえちゃん」「にいちゃん」「ボクちゃん」「○○ちゃん」 | 学生を子供扱いにする表現。名前を入れても好ましくない。相手が笑っていても不快に感じている場合がある |
| 「（名前の呼びすて）」「きさま」「おまえ」 | 相手の人格を軽視したり無視する表現 |
| 「君には研究室を使わせない」 | パワハラに相当する可能性 |
| 「論文と◎◎とどちらが大切か」 | 究極の選択を強いる質問はすべきでない |
| 「この実験は男性（女性）には任せられない」 | セクハラに相当する |
| 「○○君はいつも△△だから困る」 | 繰り返して言った場合、ハラスメントに相当する可能性 |
| 「この酒が飲めなかったら、実験はさせない」 | アルコール・ハラスメントに相当する |
| 「今度の実験が成功しなかったら、単位は出さない」 | 脅しの要素があり、パワハラに相当する可能性 |

※ハラスメントになるかどうかは、状況によっても異なります。

**Q** ムスリム（イスラム教徒）の留学生が来ます。

**A** 必要な配慮をするとともに、迎える側の日本人学生にも配慮を促しましょう。

ず、日本文化との違いを認識しましょう。実験計画は本人と相談して、お祈りの場所と時刻について配慮します。女性の髪や肌の露出は禁止されていますし、食べてよいもの（ハラル）と禁忌のものがあります。歓迎会などでは、豚肉（ラードやゼラチンも不可）やアルコール含有の飲食物（お酒、洋酒入りのケーキ、アルコール入りのみりんなど）が禁忌なので注意します。最近は、大学事務や生協で対応している場合もあります

5章 トラブルを回避するには

# 21. トラブル解決のサポート

大学事務との連絡を密にしましょう

**ケーススタディ File18** 学生が研究室に来なくなった

（事例はフィクションです）

**教員の良い点**
- Aくんが研究室に来ていないことにいち早く気付いた
- 大学事務に状況を伝え、保護者へ連絡を取ってもらった

## トラブルの解決をサポートしてもらいましょう

### 1. 問題解決のために事務局と相談しましょう

**学部事務室**の学生担当とは密に連絡をとっておきましょう。必要に応じて、事務局と**情報を共有**します。研究室ではさまざまな問題が起こりますが、学生自身の問題でも、学生と教員間の問題でも、解決のためには情報共有が不可欠です。親や保証人が関係する場合は、自身で対応せずに、学生担当の事務職員を介するようにしましょう。また、学生との面談は事務室と連携して行い、**対策**[*1]についても相談しましょう。

*1 テーマや指導教員、あるいは研究室の変更など

### 2. 学生相談室と連携しましょう

トラブルになったときには、学部事務室だけでなく**学生相談室**[*2]との相談や連携が必要な場合があります。学生自身の問題（うつ病、心身症、発達障害など）については、専門家や医療機関との連携が必要となることもあります。相談者が希望すれば、学生相談室は取り次ぎやサポートを行ってくれます。指導教員の変更や調停ができるかどうかなど、部局の状況に合わせた支援も可能です。

*2 学生相談センター、サポートルームともいう。大学によっては、障害学生の相談部門や留学生の相談部門が別に設置されていることもあり、支援の方法も異なる

### 3. 記録を残しましょう

学生とのやりとりの客観的な記録は、事態が深刻になりそうなときや、言い分が紛糾する可能性があるときに特に必要になります[*3]。メールだけでなく、学生と話したことも**メモ**に書いて残しましょう。学生によっては、話した内容を自分に都合のよいように解釈してしまうこともあります。教員も事実のみを書き、ウソを書いてはいけません。

*3 事務室の担当者を bcc にしておくこともあります

### 4. 留学生が孤立しないようにしましょう

海外**留学生**とは、文化の違いや、言葉の壁などから、日本人学生や教員との関係がギクシャクすることもあります。研究室の全員が気持ちよく実験できるように、教員は積極的に介入しましょう[*4]。具体的には、使用機器の予定表の名前を英語で書くようにしたり、改めて全員で研究室のルールを確認する機会を設けます。留学生がホームシックにかかったり健康を害しているような場合には、学部事務室などと連携して対応しましょう。

*4 どちらか一方に肩入れするのではなく、全員を対等に扱ったうえで解決策を探します

5章 トラブルを回避するには

## 22. 学生への配慮

学生の個性に無頓着ではいけません

### ケーススタディ File19

#### ホテルで論文添削⁉

相談：女子学生Aさんは修士論文の提出締め切りが近づいて焦っていた。指導教員に「論文の添削をお願いできませんか」と尋ねたが、教員は学会発表や出張が立て込んでおり時間が取れず、出先で添削をしようということになった。教員は、「◎◎ホテルのロビーにあるラウンジに来るように」とAさんに伝えた。当日、Aさんは教員が指定した場所で論文添削を受けたが、ホテル内の喫茶店ということで落ち着かなかった。公聴会では他の先生から提出論文の不備を数カ所指摘されたが修正して、学位は無事に授与された。ところが彼女は「論文に不備が残ったのは指導教員のせいだ」として相談に来た。

対応：Aさんとの面談で、彼女は「ファーストフード店や街中の喫茶店での打ち合わせならわかりますが、ホテルのラウンジというのは変です。添削の後にどうなるか、気が気でなかった」と言った。一方、指導教員である男性は「ちょうど学会が開催されているホテルの喫茶店を利用したまでのこと。他意はなかった」とのことであった。学生は状況について納得し、不服は取り下げられた

（事例はフィクションです）

> **教員の問題点**
> - 喫茶店ならどこでも同じと考えていた
> - 悪気や悪意がなくても、相手を不快にさせることがあり得ることを意識していなかった

## 無用なトラブルを呼びこまないようにしましょう

### 1. 教員の常識は、学生とは異なります

学生の常識や価値観と、教員のそれとは（思っているよりも）異なることが多いようです。ケーススタディでも見たように、教員にとっては同じ「喫茶店」が、学生はホテルの喫茶店か街中の喫茶店かでまったく異なる印象をもちました。もし遅い時間帯の打ち合わせであったら、尚更です。教員が常識や価値観の違いを認識すれば、無用なトラブルを避けられます。

### 2. 学生が涙を流したときは？

研究室の論文抄読会や研究発表会で、基本的な知識に関する勉強不足などを指摘すると、泣きだす学生[*1]がときどきいます。研究室のすべての学生に対して同じ基準で指導しているのであれば、相手が涙を出そうともハラスメントにはなりません。焦ったり狼狽したりすることなく、基本的知識をしっかり下調べをするのが必須であることを淡々と説明し、次回までに改めて準備をするよう指導すべきです[*2]。

> *1 女子学生だけでなく、男子学生でも

> *2 声を荒げたり、長時間ねちねちと叱るのはNGです

### 3. いつでも冷静に対応しましょう

女子学生でも男子学生でも、科学的な面での教員の対応に差があってはなりません。実験が失敗した報告を聞いても、本人は真面目にやっていると思っているので、決めつけはせず、蒸し返しもしないようにします。問題の指摘と対応策の提案にしぼって、冷静に話しましょう。教員居室など、部屋の中で会話をすると外からは様子が見えません。なおさら注意が必要です。

### 4. 夜遅くに学生と話すのはやめましょう

夜7時以降など、夜遅い時間帯は、面談やディスカッションに適切なタイミングとはいえません。日中は講義があったり、報

告書の締切などで時間がなかったりすることもありますが、夕刻以降はなおさらイライラしていて判断力も鈍っており、ついカッとなってしまう可能性もあります。夜遅くの面談やディスカッションは、セクシャル・ハラスメントの予防と防止の意味でも勧められません。

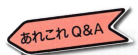

**Q** 涙声の女子学生が「先生の講義の単位が取れないと卒業できません」と言って、居室のドアをノックしています。

**A** 居室には入れずに、第三者も交えて学生と話しましょう。

研究室（とくに教員居室）は密室ですので、会話が外に漏れません。セクシャル・ハラスメントやアカデミック・ハラスメントの疑いを向けられないためにも、取り乱している学生をひとりで研究室には入れないようにします。学生と話すときは、学部事務室の職員（いなければ他の教員でも可）を同席させてから話しましょう。単位については「シラバスに書いてある基準で公平に判断する」と答えるしかありません。なお講義中に、単位認定に関する個人的な嘆願については一切受け付けないことをあらかじめ説明しておくのもよいでしょう。

## 終章

# 学生と
# 良い関係を築く

本書の最終目的は、学生と教員が良い信頼関係を築き、その結果として、質の高い研究成果がより多く生まれる研究室へと導くことです。今日からさっそく実践してみましょう。

終章　学生と良い関係を築く

# 23. 研究指導の核心

社会に羽ばたく学生を育てましょう

## 1. 学生の将来の可能性を広げましょう

学生には「研究とはどういうものか」、良い面も悪い面も説明することが大切です。そのうえで、完全無欠の学生などいないので、学生の良い面を積極的に伸ばすよう働きかけましょう。研究室にいるすべての学生が研究者になるのではありません。研究者にならなくとも、研究をした経験[*1]が将来、なにかの役に立てば、研究指導は成功です。

[*1] 「入社後の適応・活躍は、大学時代の経験と密接な関係がある」(豊田義博著、『若手社員が育たない「ゆとり世代」以降の人材育成論』、筑摩書房 (2015) より)

## 2. 学生に社会性を持たせましょう

研究生活では、卒業後のことも考えさせましょう。遅刻しない、期限どおりに提出物を出す、他人と話す、協調性を持つなど、**社会的常識**を学生に持たせることはきわめて大切です。社会に出れば、大学とは比較にはならない厳しさがあります。人間的にも、科学的にも、立派な人間に成長させることが、大学・大学院での教育のつとめです。

## 3. 学生との良い関係が、良い研究結果を生む

大学・大学院における教育の目的は、学生自身がみずからの力で卒業研究や大学院の研究を進めていけることです。そして、研究の目的は「良い研究成果を生みだすこと」であることに間違いはありません。あなたが学生のときに授かった良い点のすべてを、学生に伝えることがあなたの使命です。学生と教員がもめているような研究室から良い結果は出ません。このことをしっかり意識しましょう。

　大学の良さは、その自由さにあります。社会に出れば、なかなか自分の思い通りには事を運べないでしょう。大学でも研究がうまくいくかどうかはわかりませんが、教員は学生を成功に

導くことができます。そのためには学生とのディスカッションが何よりも大切です。

## 4. 人間としての信頼関係を築きましょう

立場上は圧倒的な優位に立つのが教員ですが、学生がものを言いやすい研究室[*2]にすることが研究室全体の良い雰囲気を作ります。研究室内ではフラットな人間関係をめざしましょう。研究面での手綱は締めますが、厳しすぎるのもいけませんし、放任や丸投げもダメです。そして、研究面でのストレスをどんどん減らしていきましょう。学生とコミュニケーションする機会を増やして、将来につながる人間どうしの**信頼関係**を築くことが重要です。

> *2 活発なディスカッションは一つの指標です

## 5. 教員自身の人間性をみがきましょう

「いまどきの学生は良くない」と言っても何も始まりません。学生は変わらなくても、あなた自身は変わることができます。学生の手本となるよう、人格高潔に近づくことを目指しましょう。研究倫理についてはもとることなく、**研究不正**に手を染めないのはもちろんです。

　他の研究者や研究について、厳しく科学的に批判することは構いません。しかし、学生は「教員の鏡」です。学生はあなたの言動をつぶさに見聞きしています。他人の非難や悪口は抑えましょう。

## 6. 社会に羽ばたく学生を育てましょう

大学・大学院での研究では、高い**問題解決力**を持ち、困難な課題に立ち向かえる学生を育てることに意味があります。どのような分野であれ、卒業後に社会で活躍する学生を世に送り出すことができれば、それは教育者としてまた研究者としての冥利に尽きます。そのためにも、研究室内の数年間をともにする学生を大切にし、研究を通じて信頼関係を作ることがとても重要です。社会に羽ばたく学生を育てていきましょう。

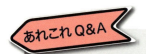

**Q** 研究室でいくら厳しく学生を指導しても手応えがありません。本当に学生のためになるのでしょうか？

**A** すべての学生とは言えませんが、学生の将来のためには必ず役立ちます。

研究室での研究を通じて社会常識や協調性を持たせることは大切です。仮説を立て実験をして研究テーマを解決する「経験」は、将来に出会うであろう難しい問題の解決に必ず役立ちます。社会に出たあと「大学での経験が役に立った」と思える卒業生が増えれば、厳しい研究指導も無駄にはならなかったということになるでしょう。

## あとがき

　前著『はじめての研究生活マニュアル　解消します！　理系大学生の疑問と不安』と『ぜったい成功する！　はじめての学会発表』では、学生を読者対象として、研究生活と学会発表に関するてびきを書きました。一方、この本では教員のために、研究を指導していくにあたり、どのように学生とコミュニケーションをとるかについて書いています。

　大学・大学院では、「研究室」という小さなコミュニティで皆が生活と研究活動を行いますが、そのなかで、ときに学生と教員の関係がぎくしゃくすることがあります。このようなトラブルはたいてい、最初は些細な誤解から始まったものが、時間が経つにつれて相手に対する嫌悪感が増していきます。そして最悪の場合には信頼関係が崩れ、もう研究どころではなくなってしまうのです。このようなトラブルを抱えた方がたにヒアリングをしてみると、両者の言い分は正反対なのに、どちらもそれなりに筋が通っています。お互いに「相手が悪い」と言っているのにもかかわらず、第三者から見ると、どちらかが一方的に悪いとは判断できないことが多いのです。

　なぜ学生と教員の信頼関係が破綻してしまうのでしょうか？　根本的な理由のひとつは、立場や考え方の違いです。同じ経験や問題に対峙しても、学生と教員とでは受け取り方がまったく異なるということは、珍しくありません。教員の"当たり前"が学生には"理解不能"なのです。研究現場では、学生の考え方をわかったうえで指導していくことが、トラブルを避ける近道になります。

　学生とのトラブルは、誰にでも起こりえます。学生とのコミュニケーションに悩む先生のために、化学同人の浅井歩さんと、この本をまとめました。そして、どのようにして教員の意図を学生に伝えていったらよいかを議論し、その提案を本書に掲載しました。特に、従来の本にはあまり詳しく載っていない「グレーゾーン」のトラブルについて、いろいろな例をケーススタディや「あれこれQ＆A」として紹介し、解決のポイントを示しています。

　立命館大学BKC学生サポートルームの桝蔵美智子先生には、執筆にあたって内容を詳しくチェックしていただきました。立命館アジア太平洋大学職員の平瑶子さんと立命館大学職員の藤井啓太郎さんにもいろいろな助言をい

ただきました。また、天野勢津子さんには前書に引き続いて、すばらしいイラストとマンガを書いていただきました。その他、ご協力いただいたすべての方に感謝します。

　この本が学生とのトラブルを減らすことにつながり、あなたの研究により多くの成果がもたらされれば、これにまさる喜びはありません。

2019 年 7 月　著者

# 参考文献

岡田康子・稲尾和泉 著,『パワーハラスメント 第2版』, 日本経済新聞出版社（2018）.
飛翔法律事務所 編集,『キャンパスハラスメント対策ハンドブック 改訂2版』, 経済産業調査会（2018）.
杉原保史 著,『心理カウンセラーと考えるハラスメントの予防と相談：大学における相互尊重のコミュニティづくり』, 北大路書房（2017）.
北仲千里・横山美栄子 著,『アカデミック・ハラスメントの解決 大学の常識を問い直す』寿郎社（2017）.
森田汐生 著,『ハラスメントを防ぐアサーティブな話し方・伝え方（働く人のコミュニケーションサポートブック）』, 現代けんこう出版（2017）.
平木典子 著,『アサーション入門 自分も相手も大切にする自己表現法』, 講談社（2012）.
豊田義博 著,『若手社員が育たない 「ゆとり世代」以降の人材育成論』, 筑摩書房（2015）.

# 参考ウェブサイト

● NPO アカデミック・ハラスメントをなくすネットワーク「アカデミック・ハラスメントとは」
　http://www.naah.jp/harassment.html
● 厚生労働省「職場のパワーハラスメントについて」
　https://www.mhlw.go.jp/stf/seisakunitsuite/bunya/0000126546.html
● 法務省「セクシャル・ハラスメント」
　http://www.moj.go.jp/jinkennet/asahikawa/sekuhara.pdf

## 資料① 学生ー教員間におけるトラブル解決の流れ

　学生ー教員間のトラブルにはさまざまなものがあり、本文のケーススタディで示したように、解決までの道もさまざまです。大学によって異なる場合もありますが、表にその典型例を示しました。段階が進むほど深刻度は増しますが、たいていの場合は最終段階まで進むことなく解決します。トラブルがこじれてハラスメントになると、解決には大変な時間と労力がかかります。トラブルを予防すること、1段階でも早い時点で解決することが、研究室内のストレスを減らし、研究成果の向上につながります。

表. 学生ー教員間トラブル　解決の段階

| 段階 | 方法 | 内容 |
|---|---|---|
| 1 | 学生と指導教員の面談 | なるべく早い時期に話し合いの場を設け、お互いに改善すべき点を確認する |
| 2 | 学生と指導教員が事務室で相談 | 第三者が同席することによって、冷静に話ができる |
| 3 | 学生が学生相談室へ相談 | 学生がより深刻なトラブルと考えた場合。相談員（コンサルタント）が介入して事情を調べ、解決策を探る |
| 4 | 相談員が教員・学生それぞれと面談・調停 | 相談員が両者の言い分を個別にヒアリングする。善後策（研究テーマの変更、指導教員の変更など）を提案する |
| 5 | 解決方法の相談 | 再度、相談員と学生が面談し、自力で解決するか（6A）、ハラスメント防止委員会に申し立てるか（6B）などを選択させる |
| 6A | 自力で解決を試みる | 相談員からのアドバイスをもとに行動し、学生みずから問題の解決を試みる |
| 6B | ハラスメント防止委員会に申し立て | 自力での対応が難しいと判断され、教員への対処や措置を希望する場合。下記の方法（7A〜7C）などを学生が選択する |
| 7A | 教員への通知 | ハラスメントを行ったとされる教員に、ハラスメントの相談があったことを通知する |
| 7B | 調整 | 当事者へのヒアリングをした後、学部長・研究科長との間で調整して適切な措置をとる |
| 7C | 委員会による調査 | 委員会による調査。教員への処分の必要性も検討 |

# 資料②　学生が理解しやすい説明　6つのポイント

　学生とコミュニケーションをとろうとしても、言いたいことがなかなか伝わらないことがあります。そんなときは、以下の点について考えてみてはどうでしょうか。

## 1. 直接、話す
まずは学生と、「面と向かって」話すことが基本です。メールでは信頼関係は築けません。何回も話して、学生のなかに教員との信頼関係が築かれていけば、「難しい話でもがんばって理解しよう」とする気持ちも生まれます。学生の表情や反応などを見て、理解しているかどうかを確認しましょう。

## 2. 学生の話を聞く
学生の話はなるべく遮らず、意見や考えを最後まで聞きましょう。適度に視線を合わせること（アイコンタクト）も大切です。先生が自分の意見ばかりを言うのは避けます。ディスカッションで学生が反論する場合もありますが、冷静に内容を判断して答えましょう。

## 3. 静かな口調で
学生が話についてこられない場合もあるので、ゆっくりと静かな口調で話しましょう。大きな声で話すと表情もけわしくなり、叱責になってしまうこともあります。学生のプレッシャーとなる、舌打ち、机を叩く、腕組みなどの動作は避けて、冷静に振る舞いましょう。

## 4. 具体的に指摘する
問題点は何か、どのように改善すべきか、なるべく具体的な方法や対策を学生に示しましょう。ただし、一度にたくさんのポイントを列挙すると消化不良になります。最も大切なことに絞って指摘します。

## 5. ヒントを出して誘導
自分の理解や問題意識が足りないことを、学生は自覚していません。学生を成長させることが第一ですから、一方的に答えを言うのではなく、学生に質問したりヒントを出したりして誘導し、どうしたら問題を解決できるかをみずから考えさせま

しょう。ヒントにピンと来ていないようであれば、さらに簡単なヒントを出します。

## 6. 関係する資料を紹介する

図や資料を見せて大筋を理解させる方法も有効です。関係する教科書や論文を紹介して読ませ、自分自身で完全に理解できるように仕向けましょう。

# Index

【英語】
SNS　38, 60, 13

【あ】
アカデミック・ハラスメント　4, 8
アサーション　61
アサーティブ　61
アルバイト　19
イエスマン　52
エクスカーション　33
えこひいき　27, 31
エントリーシート　19

【か】
改ざん　50
科学的批判　52
学生相談室　2, 6, 28, 66
学部事務室　6, 28
学会発表　33
寛容な心　42
喫茶店　67
キャンパス・ハラスメント　5
休校日　16, 27
教育的指導　4, 13, 31
教育的配慮　4
協調性　50
研究指導　56, 72
研究発表会　52
研究不正　45, 50, 53, 73
研究目標　57
権利意識　14
国際学会　33
コミュニケーション能力　13
コミュニケーション不足　2
根拠のない自信　11

懇親会　16

【さ】
再現性　40, 45
サービス　14
参加費補助　33
ジェネレーションギャップ　2
自己改革　53
私生活　16
下調べ　44
社会的常識　72
就職活動　18, 19, 37
宿題　48
奨学金　19
消費者意識　14
情報共有　6, 66
情報収集　44
シラバス　50
信頼関係　73
進路　36
推薦状　34
成功体験　47
セクシャル・ハラスメント　5, 8
世代間離齬　2
想像力　14

【た】
大学院　24
　──進学　17
対策　66
第三者　60
達成感　27
遅刻　34
ディスカッション　45
ティーチング・アシスタント　19

到達目標　41
盗用　50
トラブル　2
　　——の予防　7

【な】
生データ　45
涙　68
日本学生支援機構　19
忍耐力　13
捏造　50

【は】
博士課程進学　36
ハラスメント　4, 31, 53
　アカデミック・——　4, 8
　キャンパス・——　5
　セクシャル・——　5, 8
　パワー・——　5, 8
　モラル——　5
ハラスメント防止委員会　7
パワー・ハラスメント　5, 8
ひきこもり　35
評価基準　27
フォロー　20, 48

弁償　59
報告書　35, 57
放任主義　43

【ま】
マニュアル　16
満足度　57
ムスリム　64
メモ　66
面談　57, 60
申し立て　2
燃えつき症候群　19, 29
モチベーション　25, 41
モラルハラスメント　5
モンスター・ペアレント　14
問題解決力　2, 25

【や・ら】
ゆとり世代　11
余計なひとこと　63
留学生　64, 66
臨機応変の対応　14
論文紹介　12, 48
論文添削　67

■著者略歴

西澤幹雄（にしざわ　みきお）
長野県長野市出身。長野高校卒業。1983年富山医科薬科大学（現富山大学）医学部医学科卒業、1987年東北大学大学院医学研究科博士課程修了。東北大学、大阪バイオサイエンス研究所、ハンブルク大学、ジュネーブ大学、関西医科大学を経て、現在、立命館大学生命科学部生命医科学科教授。医師、医学博士。専門は、分子生物学、生化学。

■執筆協力

桝蔵美智子（ますくら　みちこ）
富山大学教育学部卒業。京都女子大学大学院家政研究科修了。ISAP Zurich卒業。現在、立命館大学ＢＫＣ学生サポートルームカウンセラー。臨床心理士。

---

ケーススタディでよくわかる　学生とのコミュニケーション
―今日からできる！研究指導実践マニュアル―

2019年8月30日　第1刷　発行

著　者　西　澤　幹　雄
発行者　曽　根　良　介
発行所　（株）化学同人

検印廃止

JCOPY　〈出版者著作権管理機構委託出版物〉
本書の無断複写は著作権法上での例外を除き禁じられています。複写される場合は、そのつど事前に、出版者著作権管理機構（電話 03-5244-5088, FAX 03-5244-5089, e-mail: info@jcopy.or.jp）の許諾を得てください。

本書のコピー、スキャン、デジタル化などの無断複製は著作権法上での例外を除き禁じられています。本書を代行業者などの第三者に依頼してスキャンやデジタル化することは、たとえ個人や家庭内の利用でも著作権法違反です。

乱丁・落丁本は送料小社負担にてお取りかえします。

〒600-8074　京都市下京区仏光寺通柳馬場西入ル
編集部 TEL 075-352-3711　FAX 075-352-0371
営業部 TEL 075-352-3373　FAX 075-351-8301
　　　　　　振　替　01010-7-5702
E-mail　webmaster@kagakudojin.co.jp
URL　https://www.kagakudojin.co.jp

印刷・製本　創栄図書印刷（株）

Printed in Japan　©Mikio Nishizawa 2019　　ISBN978-4-7598-1998-4
無断転載・複製を禁ず

# はじめての研究生活マニュアル
—— 解消します！ 理系大学生の疑問と不安

**西澤幹雄【著】**

■ A5 判　■ 112 頁　■ 本体 1200 円

本書は，先輩や先生には聞きづらいような疑問から，実験の進め方，論文紹介や研究発表の仕方まで，はじめての卒業研究をサポートする内容です．4コママンガやイラストを交えながら，研究生活全般にわたる疑問に対しての具体的なアドバイスが書かれており，研究生活をハッピーにする情報が満載された1冊です．

1章　研究室に入る／2章　研究室での生活
3章　実験をしよう／4章　記録を残そう
5章　研究報告をしよう／6章　論文紹介をしよう
7章　研究成果を発表しよう

# ぜったい成功する！ はじめての学会発表
—— たしかな研究成果をわかりやすく伝えるために

**西澤幹雄【著】**

■ A5 判　■ 128 頁　■ 2色刷　■ 本体 1400 円

学会発表をするにはどれくらい研究をやったらいいの？　学会発表の応募はどうすればいい？　要旨はどんなふうに書くの？　発表当日はどんな準備が必要？　学会発表をめぐる初歩的な疑問の数々を解決．魅力的な発表にするためのコツを教えます．

1章　学会発表を意識しよう／2章　学会発表に応募しよう／3章　要旨を書いてみよう／4章　発表の準備をしよう／5章　いざ，発表当日！／6章　魅力的な発表にしよう／7章　研究の質を高めよう／8章　英語で要旨を書こう／9章　英語の発表に挑戦！／付録　発表に役立つ！　理系の基本動詞 40